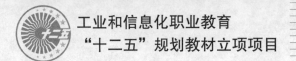

工业和信息化职业教育
"十二五"规划教材立项项目

中等职业教育
课程改革规划教材

机械制图

Mechanical Drawing

◎ 黄建兰 主编

◎ 廖利华 冯明虎 陈俊宇 副主编

人民邮电出版社
北京

精品系列

图书在版编目（ＣＩＰ）数据

机械制图 / 黄建兰主编. -- 北京 ：人民邮电出版
社，2015.2（2017.2重印）
中等职业教育课程改革规划教材
ISBN 978-7-115-38534-5

Ⅰ. ①机… Ⅱ. ①黄… Ⅲ. ①机械制图－中等专业学
校－教材 Ⅳ. ①TH126

中国版本图书馆CIP数据核字(2015)第026062号

内 容 提 要

本书根据教育部 2009 年 5 月颁布的《中等职业学校机械制图教学大纲》并参照最新的《技术制图》和《机械制图》国家标准编写而成。全书以机械图样的绘制和识读为主线，深入浅出地介绍制图和识图的基本知识与方法。本书共分 8 章，主要内容包括机械制图的基本知识与技能、投影基础、轴测投影、组合体、机械图样的画法、标准件和常用件、零件图、装配图等。

本书可作为中等职业学校机械类及工程技术类相关专业"机械制图"课程的教材，也可供相关工程技术人员学习参考。

◆ 主　　编　黄建兰
　　副 主 编　廖利华　冯明虎　陈俊宇
　　责任编辑　刘盛平
　　责任印制　杨林杰

◆ 人民邮电出版社出版发行　　北京市丰台区成寿寺路 11 号
　　邮编　100164　　电子邮件　315@ptpress.com.cn
　　网址　http://www.ptpress.com.cn
　　三河市海波印务有限公司印刷

◆ 开本：787×1092　1/16
　　印张：15.75　　　　　　　2015 年 2 月第 1 版
　　字数：371 千字　　　　　 2017 年 2 月河北第 2 次印刷

定价：35.00 元

读者服务热线：(010)81055256　印装质量热线：(010)81055316
反盗版热线：(010)81055315

前　言

机械制图作为工程技术人员必须掌握的技术语言，是机械类专业的一门技术基础课程。学生制图和识图能力的高低关系到后续专业课程的学习效果以及综合技能的提高。随着社会和科学技术的进步，特别是计算机技术的普及与发展，机械制图课程无论是课程体系，还是教学内容、方法和手段，都发生了深刻的变化。

本书根据教育部 2009 年 5 月颁布的《中等职业学校机械制图教学大纲》，并参照最新颁布的《技术制图》和《机械制图》国家标准，为满足中等职业学校的教学需要而编写。在编写过程中，以"必需、够用"为基准，突出绘图与读图能力的培养。本书的重点在于回答"是什么"和"怎么办"的问题，注重循序渐进的原则，多举实例以强化识图和绘图能力的训练；强调徒手绘草图的基本功训练，使学生掌握机械图样的绘制和阅读的基本方法。

除了理论介绍外，本书还专门安排了大量典型实例，以帮助学生在课堂上即时巩固所学内容。此外，本书还配有大量教学辅助资源，包括相关的教学课件、相关知识点的动画演示等，提供了全新的立体化教学手段。书中加"*"的内容为选学内容，学校可以根据实际情况合理安排教学。

本书共 8 章，主要内容如下。

- 第 1 章：机械制图的基本知识与技能。介绍与机械制图相关的基础知识以及相关的国家标准。
- 第 2 章：投影基础。介绍点、线、面和立体的投影规律。
- 第 3 章：轴测投影。介绍轴测投影的用途及画法。
- 第 4 章：组合体。介绍组合体的组合方式及其投影规律。
- 第 5 章：机械图样的画法。介绍使用各种视图来表达机械图样的基本方法和手段。
- 第 6 章：标准件和常用件。介绍螺栓、键、销、齿轮、滚动轴承等各类标准件和常用件的表达方法。
- 第 7 章：零件图。介绍零件图的绘制方法和表达技巧。
- 第 8 章：装配图。介绍装配图的绘制方法和表达技巧。

每章包含以下经过特殊设计的结构要素。

- 学习目标：说明本章的主要学习内容，明确学习过程中的侧重点。
- 问题思考：在讲解知识前，引导学生思考和分析一些问题，提高学生的学习兴趣和主动性。
- 要点提示：注重介绍重要的技巧和实用的方法。
- 动画演示、视频演示：对于比较难理解的知识要点，给出具体的动画演示或视频演示提示。
- 本章小结：在每章的最后，对本章所涉及的基本知识点以表格形式进行系统地总结。
- 思考与练习：在每章的最后都准备了一组练习题，用于检验学生的学习效果。

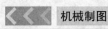

本书突出实用性，适合作为中等职业学校学生的教材，也可供读者自学使用。

本书由重庆市农业学校黄建兰主编，廖利华、冯明虎和陈俊宇任副主编。

由于编者水平有限，书中难免存在错误和不妥之处，欢迎读者批评指正。

编　者

2014 年 10 月

目　录

第1章　机械制图的基本知识与技能

学习《机械制图》需要用到绘图工具进行绘图，这些绘图工具该如何使用？你熟悉图 1-1 所示绘图工具的用途吗？在绘图过程中又要注意哪些问题呢？

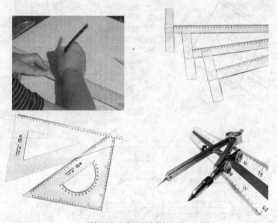

图 1-1　常用绘图工具

一张图样中包含到多种具有不同含义的图线，该如何区别这些图线？在绘图时可能会遇到正多边形、圆、椭圆等特殊图形，这时又该如何绘制？

下面进入本章的学习，答案尽在其中。

【学习目标】

- 掌握机械制图国家标准的基本规定。
- 学习在图样中如何正确使用字体、图线以及尺寸标注。
- 学习正确使用铅笔、丁字尺、圆规等常用绘图工具。
- 掌握几何图形的常用画法。

1.1　制图国家标准的基本规定

问题思考　如果你是一个设计工程师，如何确保别人能够轻松读懂自己的设计图纸？自己又怎样才能快速读懂别人的设计图纸？

标准是同一领域的设计人员必须遵守的设计规范。图样必须实现标准化，这样才便于技术交流。图 1-2 所示为一张符合国家标准的图纸示例。

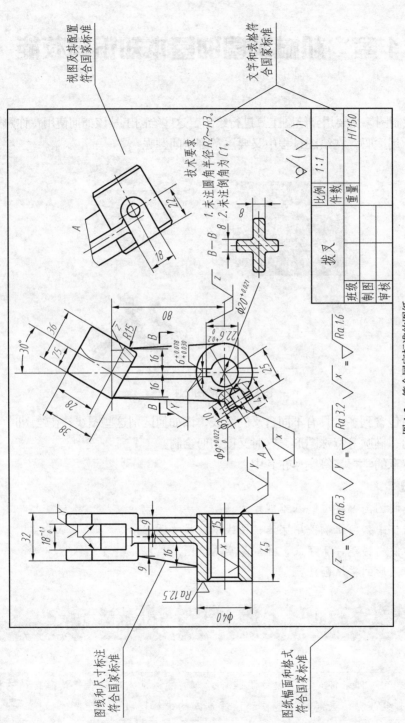

图 1-2 符合国家标准的图纸

1.1.1　图纸幅面和格式、标题栏

绘图前，首先要按照国家标准的规定对图纸的幅面、标题栏进行设置。

1．图纸的幅面和格式

图纸幅面和格式是指绘图时采用的图纸的大小及其布置方式，主要包括图纸长和宽的数值以及图框的结构。其设置遵守国家标准 GB/T 14689—2008。

（1）图纸的幅面。由图纸的长边和短边尺寸所确定的图纸大小称为图纸幅面。应优先采用表 1-1 中所示的基本幅面。基本幅面共有 5 种，其尺寸关系如图 1-3 所示。

表 1-1　　　　　　　　　　图纸幅面代号和尺寸（mm）

代　号	$B \times L$	a	c	e
A0	841×1189	25	10	20
A1	594×841			
A2	420×594			
A3	297×420		5	10
A4	210×297			

注：a、c、e 为留边宽度，参见图 1-4、图 1-5。

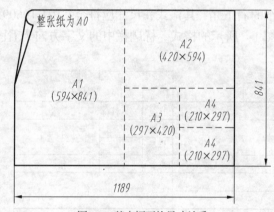

图 1-3　基本幅面的尺寸关系

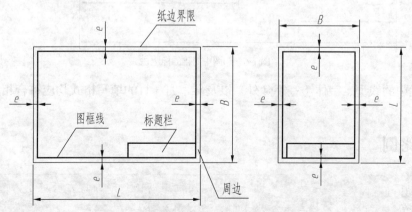

图 1-4　不留装订边的图框格式

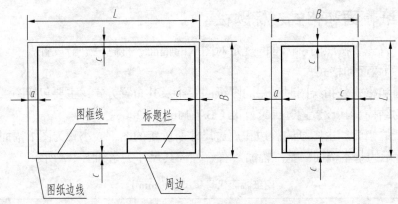

图 1-5 留有装订边的图框格式

要点提示　　在选用图纸幅面尺寸时，允许选用由基本幅面的**短边**成整数倍地增加后得到的加长幅面。

（2）图框格式。图框是指在图纸上用粗实线绘制的边框，其格式分为不留装订边和留有装订边两种，分别如图 1-4 和图 1-5 所示。

2．标题栏

标题栏一般位于图纸的右下角，其格式和尺寸应符合 GB/T 10609.1—2008 的规定。本书在制图作业中建议采用图 1-6 所示的格式，标题栏中的文字方向为看图方向。

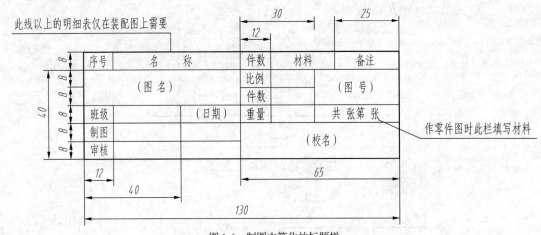

图 1-6　制图中简化的标题栏

标题栏中的线型、字体（签字除外）以及年、月、日的填写格式均应符合相应国家标准的规定。

1.1.2　比例

问题思考　　当需要表达的机件相对于所选用的图纸幅面过大或过小，图纸不能合理清晰地将其表达出来时，应该怎么办？

比例是指图样中图形与其实物相应要素的线性尺寸之比。图 1-7 所示为采用不同比例所绘的图形。

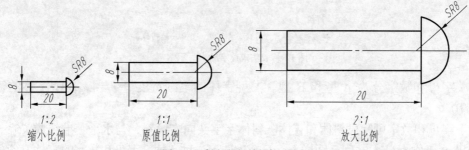

图 1-7　采用不同比例所绘的图形

 要点提示　在图样中标注尺寸时，不论采用何种比例绘图或者何种幅面的图纸，尺寸数值均按实际尺寸注出。

比例值的选用要符合国标 GB/T 14690—1993 的规定。常用比例及其选用优先级如表 1-2 所示。

表 1-2　　　　　　　　　　　　　　　　比例系列

种　　类	定　　义	优先选择系列	允许选择系列
原值比例	比值为 1 的比例	1:1	—
放大比例	比值大于 1 的比例	5:1　　2:1 5×10^{n}:1　　2×10^{n}:1　　1×10^{n}:1	4:1　　2.5:1 4×10^{n}:1　　2.5×10^{n}:1
缩小比例	比值小于 1 的比例	1:2　　1:5　　1:10 $1:2 \times 10^{n}$　$1:5 \times 10^{n}$　$1:1 \times 10^{n}$	1:1.5　1:2.5　1:3　1:4　1:6　$1:1.5 \times 10^{n}$ $1:2.5 \times 10^{n}$　$1:3 \times 10^{n}$　$1:4 \times 10^{n}$　$1:6 \times 10^{n}$

注：n 为正整数。

1.1.3　字体

 问题思考　在一幅工程图样中，哪些情况下需要创建文字、数字和字母？在日常生活的书信中，可以随心所欲地书写，在图样中也能这样吗？究竟应该如何在图样中书写汉字、数字及各种字母呢？

在工程图样中，字体应该符合国标 GB/T 14691.4—2005 的规定。

书写字体的基本要求是字体端正、笔画清楚、排列整齐、间隔均匀。

（1）字体的大小以号数（字体的高度 h，单位为 mm）表示，其允许的尺寸系列为 1.8、2.5、3.5、5、7、10、14 和 20。如需要书写更大的字，字体高度应按 $\sqrt{2}$ 的比率递增。

（2）数字用作指数、分数、注脚和尺寸偏差数值时，一般采用小一号字体。

（3）汉字应写成长仿宋体字，并采用简化字。书写时做到横平竖直、注意起落、结构均匀、填满方格。图 1-8 所示为长仿宋字的书写示例。

5 号字

学好机械制图，培养和发展空间想象能力

3.5 号字

计算机绘图是工程技术人员必须具备的绘图技能

图 1-8　长仿宋体字的书写示例

（4）字母和数字分为 A 型和 B 型。A 型字体的笔画宽度 $d=h/14$，B 型字体的笔画宽度 $d=h/10$。

（5）字母和数字可写成斜体和直体。斜体字字头向右倾斜，与水平基准线成 75°，绘图时一般用 B 型斜体字。在同一图样上，只允许选用一种字体。字母和数字的直体、斜体书写示例分别如图 1-9 和图 1-10 所示。

大写直体字母

小写直体字母

直体数字

直体罗马数字

图 1-9　直体书写示例

大写斜体字母

小写斜体字母

斜体数字

斜体罗马数字

图 1-10　斜体书写示例

1.1.4　图线

图线用来围成图形轮廓，作为各种辅助线来使用。

1. 图线的型式及应用

国家标准《GB/T 4457.4—2002　机械制图　图样画法　图线》规定了在机械图样中使用的 9 种图线，其名称、线型、线宽及其用途，如表 1-3 和图 1-11 所示。

表 1-3　　　　　　　　　　　　　图线的名称、线型、线宽及其用途

名称	线型	线宽	用途
细实线	————————	$d/2$	过渡线、尺寸线、尺寸界线、指引线和基准线、剖面线、重合断面的轮廓线、短中心线、螺纹牙底线、尺寸线的起止线、表示平面的对角线、零件成形前的弯折线、范围线及分界线、重复要素表示线、锥形结构的基面位置线、叠片结构位置线、辅助线、不连续同一表面连线、成规律分布的相同要素连线、投射线、网格线
波浪线	～～～～～	$d/2$	断裂处边界线、视图与剖视图的分界线
双折线		$d/2$	
粗实线	━━━━━━	d	可见棱边线、可见轮廓线、相贯线、螺纹牙顶线、螺纹长度终止线、齿顶圆（线）、表格图和流程图中的主要表示线、系统结构线（金属结构工程）、模样分型线、剖切符号用线
细虚线	– – – – –	$d/2$	不可见棱边线、不可见轮廓线
粗虚线	▬ ▬ ▬ ▬	d	允许表面处理的表示线
细点画线	—·—·—	$d/2$	轴线、对称中心线、分度圆（线）、孔系分布的中心线、剖切线
粗点画线	▬·▬·▬	d	限定范围表示线
细双点画线	—··—··—	$d/2$	相邻辅助零件的轮廓线、可动零件的极限位置的轮廓线、重心线、成形前轮廓线、剖切面前的结构轮廓线、轨迹线、毛坯图中制成品的轮廓线、特定区域线、延伸公差带表示线、工艺用结构的轮廓线、中断线

2. 图线的宽度

在机械图样中采用粗细两种线宽，粗细的比例为 2:1。图线宽度（d）的取值有 0.13mm、0.18mm、0.25mm、0.35mm、0.5mm、0.7mm、1mm、1.4mm 和 2mm。粗线宽度通常采用 d = 0.5mm 或 0.7mm。为了保证图样清晰，便于复制，图样上尽量避免出现宽度小于 0.18mm 的图线。

3. 图线的画法

（1）在同一图样中绘制粗实线、细实线、虚线、点画线、双点画线等图线时，应保持同类图线的宽度基本一致，线段长短大致相等，间隔大致相同。

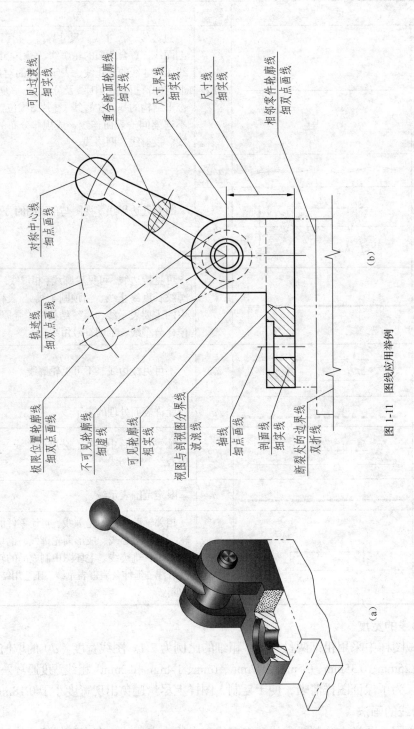

可见过渡线
细实线

重合断面轮廓线
细实线

尺寸界线
细实线

尺寸线
细实线

相邻零件轮廓线
细双点画线

对称中心线
细点画线

轨迹线
细双点画线

极限位置轮廓线
细双点画线

不可见轮廓线
细虚线

可见轮廓线
粗实线

视图与剖视图分界线
波浪线

轴线
细点画线

剖面线
细实线

断裂处的边界线
双折线

图 1-11　图线应用举例

(a)

(b)

（2）图线相交的画法如图 1-12 所示。

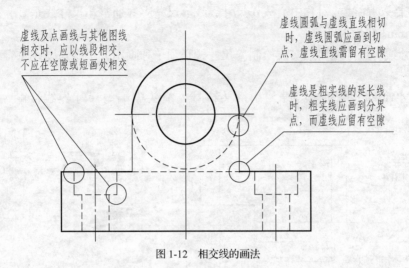

虚线及点画线与其他图线相交时，应以线段相交，不应在空隙或短画处相交

虚线圆弧与虚线直线相切时，虚线圆弧应画到切点，虚线直线需留有空隙

虚线是粗实线的延长线时，粗实线应画到分界点，而虚线应留有空隙

图 1-12　相交线的画法

（3）圆的对称中心线的画法如图 1-13 所示。

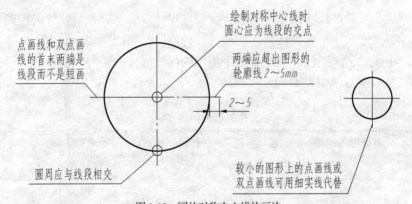

点画线和双点画线的首末两端是线段而不是短画

绘制对称中心线时圆心应为线段的交点

两端应超出图形的轮廓线 2～5mm

2～5

圆周应与线段相交

较小的图形上的点画线或双点画线可用细实线代替

图 1-13　圆的对称中心线的画法

动画演示　　观看"认识图样中的国家标准"系列动画，明确制图国家标准的主要内容。

1.1.5　尺寸标注

问题思考　　设计中，图形只能表达机件的形状，一个工程设计人员如何对自己的设计做定量描述？机械图样中又如何直观地获取机件的尺寸信息呢？

尺寸用于定量表述机件的大小，图样的尺寸标注应符合国家标准 GB/T 4458.4—2003。

1. 尺寸的组成

一个完整的尺寸应由尺寸界线、尺寸线、尺寸线终端和尺寸数字 4 个要素组成，如图 1-14 所示。

（1）尺寸界线。尺寸界线用细实线绘制，由图形的轮廓线、轴线或对称中心线处引出。也可利用轮廓线、轴线或对称中心线作尺寸界线。尺寸界线通常与尺寸线垂直，并超出尺寸线终端2～3mm。

（2）尺寸线。尺寸线用细实线绘制。尺寸线必须单独画出，不能与图线重合或在其延长线上。

（3）尺寸箭头。尺寸线终端使用箭头符号，箭头尖端与尺寸界线接触，如图 1-15 所示。

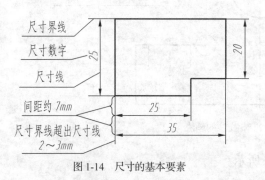

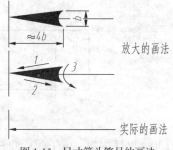

图 1-14 尺寸的基本要素 　　　　图 1-15 尺寸箭头符号的画法

（4）尺寸数字。线性尺寸的数字一般应注写在尺寸线的上方或尺寸线的中断处，位置不够可引出标注。尺寸数字不可被任何图线通过，否则，必须把图线断开。

国家标准中规定了一些注写在尺寸数字周围的标注尺寸的符号，用以区分不同类型的尺寸，常用的符号和缩写词如表 1-4 所示。

表 1-4　　　　　　　　　　　　　常用的符号和缩写词

名　　称	符号或缩写词	名　　称	符号或缩写词	名　　称	符号或缩写词
直　径	ϕ	厚　度	t	沉孔或锪平	⊔
半　径	R	正方形	□	埋头孔	∨
球直径	$S\phi$	45°倒角	C	均　布	EQS
球半径	SR	深　度	▽	弧　长	⌒

2．标注尺寸的基本规则

在标注尺寸时，要注意以下要点。

（1）在图样上标注的尺寸数值应以机件的真实大小为依据，与图形的大小及绘图的准确度无关。

（2）图样中的尺寸以 mm 为单位时，无须标注计量单位名称。若采用其他单位，则必须注明。

（3）图样中所注尺寸是该图样所示机件最后完工时的尺寸，否则，应另加说明。

（4）机件的每一尺寸一般只标注一次，并应标注在反映该结构最清晰的图形上。

3．常用尺寸的标注

常用尺寸的标注规则如表 1-5 示。

表 1-5	常用尺寸的标注规则		
标注内容	示　　例		说　　明
线性尺寸			尺寸数字应按左图所示方向注写，并尽可能避免在30°范围内标注尺寸，否则，应按右图所示形式标注
圆弧	直径尺寸		标注圆或大于半圆的圆弧时，尺寸线通过圆心，以圆周为尺寸界线，尺寸数字前加注直径符号"ϕ"
	半径尺寸		标注小于或等于半圆的圆弧时，尺寸线自圆心引向圆弧，只画一个箭头，尺寸数字前加注半径符号"R"
大圆弧			当圆弧的半径过大或在图纸范围内无法标注其圆心位置时，可采用折线形式，若圆心位置无须注明，则尺寸线可只画靠近箭头的一段
小尺寸			对于小尺寸在没有足够的位置画箭头或注写数字时，箭头可画在外面，或用小圆点代替两个箭头；尺寸数字也可采用旁注或引出标注
球面			标注球面的直径或半径时，应在尺寸数字前分别加注符号"$S\phi$"或"SR"
角度			尺寸界线应沿径向引出，尺寸线画成圆弧，圆心是角的顶点。尺寸数字水平书写，一般注写在尺寸线的中断处，必要时也可按左图的形式标注

续表

标注内容	示　例	说　明
弦长和弧长		标注弦长和弧长时，尺寸界线应平行于弦的垂直平分线。弧长的尺寸线为同心弧，并应在尺寸数字上方加注符号"⌒"
只画一半或大于一半时的对称机件		尺寸线应略超过对称中心线或断裂处的边界线，仅在尺寸线的一端画出箭头
光滑过渡处的尺寸		在光滑过渡处必须用细实线将轮廓线延长，并从它们的交点引出尺寸界线
允许尺寸界线倾斜		尺寸界线一般应与尺寸线垂直，必要时允许倾斜

观看"图样中的尺寸标注"动画，明确图样中各类尺寸的标注规范。

1.2　常用尺规绘图工具

正确使用绘图工具和仪器，能有效保证绘图质量、提高绘图效率。本节将介绍常用手工绘图工具及其使用方法。

1.2.1　绘图铅笔

绘图时根据不同的使用要求，应准备各种不同硬度的铅笔，绘图用铅笔的铅芯分别用 B 和 H 表示其软、硬程度。

- H 或 2H：画各种细线和画底稿用，其硬度较高。
- HB 或 H：画箭头和写字用。
- 2B 或 B：画粗实线用，其硬度较低。

使用时，将用于画粗实线的铅笔磨成矩形，其余的铅笔磨成圆锥形，如图 1-16 所示。

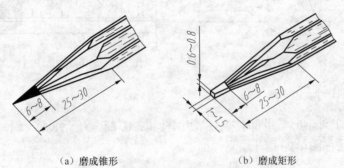

（a）磨成锥形　　　　　　　　（b）磨成矩形

图 1-16　画不同线型时铅芯的形状

1.2.2　图板、丁字尺和三角板

图板是铺贴图纸用的，要求板面平滑光洁。丁字尺由尺头和尺身两部分组成，主要用来画水平线。画水平线时从左到右画，铅笔前后方向应与纸面垂直，并向画线前进方向倾斜约 30°。图 1-17 所示为图板和丁字尺的用法。

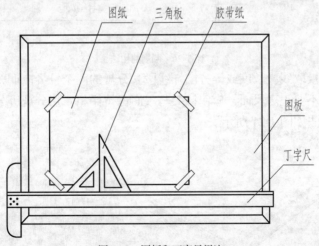

图 1-17　图板和丁字尺用法

三角板分 45° 和 30°、60° 两块，可配合丁字尺画铅垂线、15° 倍角的斜线、任意角度的平行线或垂直线，如图 1-18 和图 1-19 所示。

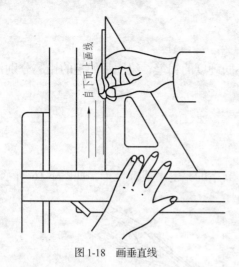

图 1-18　画垂直线

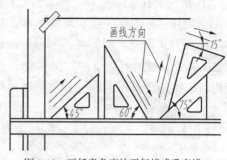

图 1-19　画任意角度的平行线或垂直线

1.2.3　圆规和分规

圆规用来画圆和圆弧。画图时应尽量使钢针和铅芯都垂直于纸面，钢针的台阶与铅芯尖应平齐，使用方法如图 1-20 所示。

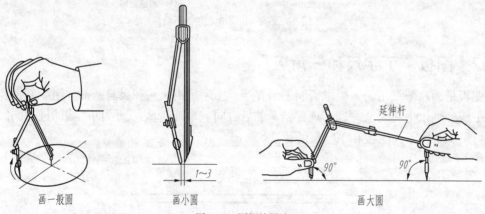

画一般圆　　　　画小圆　　　　画大圆

图 1-20　圆规的用法

分规主要用来量取线段长度或等分已知线段。分规的两个针尖应调整平齐。从比例尺上量取长度时，针尖不要正对尺面，应使针尖与尺面保持倾斜。用分规等分线段时，通常要用试分法。分规的用法如图 1-21 所示。

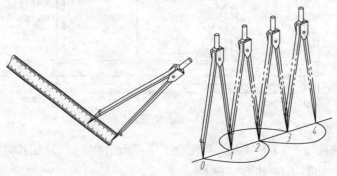

图 1-21　分规的用法

观看"常用绘图工具的用法"动画，直观认识常用绘图工具的用法及绘图技巧。

1.3　常用几何图形的画法

机械图样中机件的图形轮廓多种多样，但通常都是由一些直线、圆弧或其他曲线所组成的几何图形。掌握常用几何图形的画法是熟练绘制机械图样的基础。

1.3.1　等分圆周和作正多边形

等分圆周和画正多边形是制图中的基本训练项目，也是手工绘图的训练科目，下面使用不同方法来绘制图形。

1. 正六边形

正六边形的两种作图方法如表 1-6 所示。

表 1-6　　　　　　　　　　　　　　作正六边形

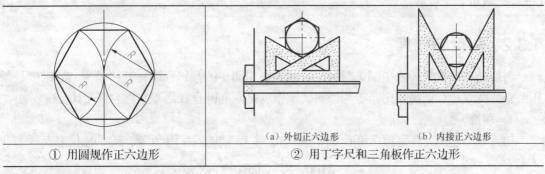

① 用圆规作正六边形	② 用丁字尺和三角板作正六边形
	（a）外切正六边形　　　　（b）内接正六边形

2. 正五边形

正五边形的作图步骤如表 1-7 所示。

表 1-7　　　　　　　　　　　　　　正五边形的作图步骤

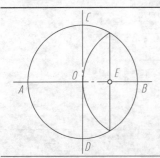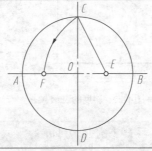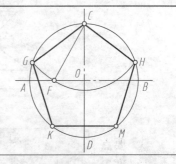

① 作出半径 OB 的中点 E	② 以 E 为圆心，EC 为半径画圆弧交 OA 于 F 点，线段 CF 即为内接正五边形的边长	③ 以 CF 为边长截取圆周，依次连接各等分点即得正五边形

3. 正 n 边形

正 n（$n=7$）边形的作图步骤如表 1-8 所示。

表 1-8　　　　　　　　　　　　　　　　正 n 边形的作图步骤

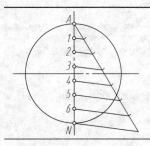	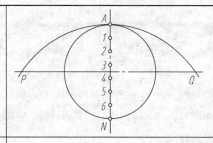	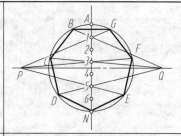
① 画外接圆。将外接圆的垂直直径 AN 等分为 7 等份，并标出序号 1、2、3、4、5、6	② 以 N 点为圆心，以 NA 为半径画圆，与水平中心线交于 P、Q 两点	③ 由 P 和 Q 作线段，分别与奇数（n 为偶数时是偶数）分点连线并与外接圆相交，依次连接各顶点 B、C、D、N、E、F 及 G，即为所求的正七边形

 动画演示　观看"等分圆周和作正多边形"动画，明确使用尺规作图的基本方法与技巧。

1.3.2　斜度和锥度

斜度是指一直线（或平面）对另一直线（或平面）的倾斜程度，其代号为 S。锥度是指正圆锥底圆直径和锥高之比。若为圆台，则锥度是两底圆直径之差与锥台高之比。

1. 斜度

如图 1-22 所示，在直角三角形 ABC 中，AB 对 AC 边的斜度用 AC 与 AB 的比值来表示，即

$$斜度 = \frac{AC}{AB} = \tan \alpha = 1:n$$

图 1-22　斜度的表示方法

 要点提示　标注斜度时，习惯上简化为 $1:n$ 的形式标注。斜度符号为"∠"，方向应与斜度方向保持一致。

【例 1-1】　斜度为 1:6 线段的画法。

绘制方法如表 1-9 所示。

表 1-9	斜度为 1:6 线段的画法	
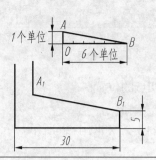	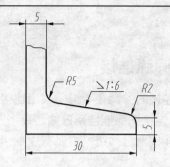	
① 任取 1 个单位长度作垂线 OA，并作水平线 OB（长度为 6 个单位），然后连接 AB	② 过 B_1 点作 B_1A_1 平行于 AB，即为所求的斜度线，最后标注尺寸和斜度	

2. 锥度

如图 1-23 所示，锥度的表示方法如下。

$$锥度 = \frac{D}{L} = \frac{D-d}{l} = 2\tan\alpha = 1{:}n$$

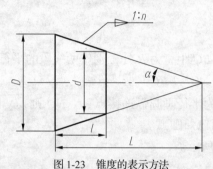

图 1-23 锥度的表示方法

要点提示 在标注锥度时应注意，锥度符号为"◁"，方向应与锥度方向保持一致。

【例 1-2】 锥度为 1:5 的线段画法。

绘制方法如表 1-10 所示。

表 1-10	锥度为 1:5 的线段画法	
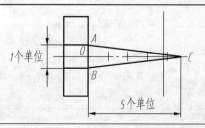	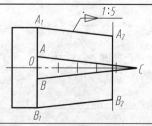	
① 以 O 点为中心，在垂直方向上对称地取 1 个单位长度，得 A、B 点；然后以 O 点为起点，在水平方向上取 5 个单位长度，得 C 点。连接 AC 和 BC	② 分别以点 B_1、A_1 为起点，作 A_1A_2 平行于 AC，作 B_1B_2 平行于 BC，即为所求线段。最后完成全图并加深，标注尺寸和锥度	

观看"斜度和锥度"动画，明确斜度和锥度的概念及作图方法。

1.3.3 圆弧连接

圆弧连接的关键在于正确找出连接圆弧的圆心以及切点的位置。

1. 用连接圆弧连接两已知线段

用弧连接两已知线段主要有 3 种情况，如图 1-24、图 1-25 和图 1-26 所示。

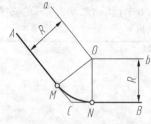

图 1-24 钝角连接弧

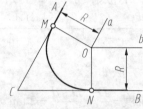

图 1-25 锐角连接弧

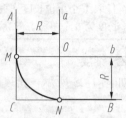

图 1-26 直角连接弧

主要作图步骤如下。

（1）在与已知线段 AC、BC 距离为 R 处分别作两线段的平行线交于 O 点。

（2）过 O 点作 $OM \perp AC$、$ON \perp BC$，垂足分别为点 M、N。

（3）以 O 点为圆心，R 为半径画圆弧连接点 M、N，则 $\overset{\frown}{MN}$ 即为所求圆弧。

2. 用连接圆弧外连接两已知圆弧

主要作图步骤如表 1-11 所示。

表 1-11　　　　　　　　　　用连接圆弧外连接两已知圆弧

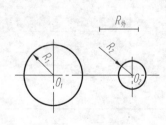	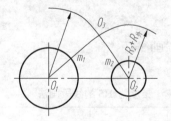	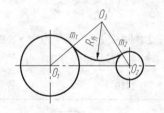
① 给定两已知圆 O_1、O_2 及连接圆弧的半径 $R_外$	② 分别以点 O_1、O_2 为圆心，以（$R_1+R_外$）、（$R_2+R_外$）为半径作弧，两弧交点 O_3 即为连接圆弧的圆心	③ 分别作连心线 O_3O_1 和 O_3O_2，得交点 m_1、m_2，再以 O_3 为圆心，$R_外$ 为半径作弧，从 m_1 画至 m_2 即为所求圆弧

3. 用连接圆弧内连接两已知圆弧

主要作图步骤如表 1-12 所示。

表 1-12　　　　　　　　　　　用连接圆弧内连接两已知圆弧

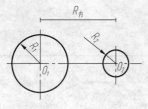

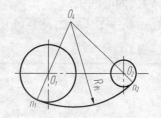

① 给定两已知圆 O_1、O_2 及连接圆弧的半径 $R_内$	② 分别以点 O_1 和 O_2 为圆心，以（$R_内 - R_1$）和（$R_内 - R_2$）为半径作弧，两弧交点 O_4 即为连接圆弧的圆心	③ 分别作连心线 O_4O_1 和 O_4O_2，得交点 n_1、n_2，再以 O_4 为圆心，$R_内$ 为半径作弧，从 n_1 画至 n_2 即为所求圆弧

4. 用连接圆弧交叉连接两已知圆弧

主要作图步骤如表 1-13 所示。

表 1-13　　　　　　　　　　　用连接圆弧交叉连接两已知圆弧

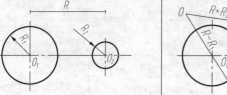

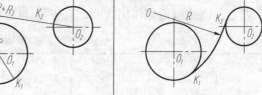

① 给定两已知圆 O_1、O_2 及连接圆弧半径 R	② 分别以点 O_1、O_2 为圆心，以（$R-R_1$）、（$R+R_2$）为半径作弧，两弧交点 O 即为连接圆弧圆心，连接 OO_1 并延长，再作连心线 OO_2，得切点 K_1、K_2	③ 以 O 为圆心，R 为半径作弧，从 K_1 画至 K_2 即为所求圆弧

5. 用连接圆弧连接一已知线段和一已知圆弧

用连接圆弧连接一已知线段和一已知圆弧主要有两种情况，分别如图 1-27 和图 1-28 所示。

图 1-27　与已知线段内连接

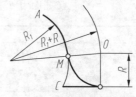

图 1-28　与已知圆弧外连接

 动画演示　　　　观看"圆弧连接"系列动画，直观认识在各种已知条件下使用圆弧连接已知线段或圆弧的作图方法与技巧。

*1.3.4　绘制椭圆

椭圆是常用的一种非圆曲线，也是机件中常见的轮廓形状。下面介绍两种绘制椭圆的常用方法。

1. 同心圆法

主要作图步骤如表 1-14 所示。

表 1-14 同心圆法

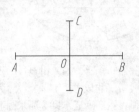	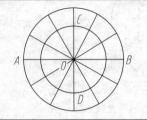	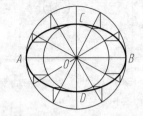
① 已知椭圆的长轴 AB 及短轴 CD	② 以 O 为圆心，分别以 OA、OC 为半径作圆，并将圆 12 等分	③ 分别过小圆上的等分点作水平线，过大圆上的等分点作竖直线，其各对应的交点即为椭圆上的点，依次相连即可

2. 四心扁圆法

用四心扁圆法可近似作出椭圆，其主要作图步骤如表 1-15 所示。

表 1-15 四心扁圆法

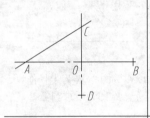	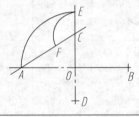	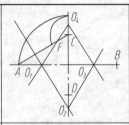	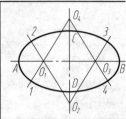
① 作长轴 AB 及短轴 CD 并连接其端点 AC	② 以 O 为圆心，OA 为半径作圆弧与 OC 的延长线相较于 E 点，以 C 为圆心、CE 为半径作圆弧与 AC 相较于 F 点	③ 作 AF 的垂直平分线，交长轴、短轴于 O_1、O_2 点，再定出其对称点 O_3、O_4，连接 O_1O_2、O_1O_4、O_4O_3、O_2O_3 并延长	④ 分别以 O_2、O_4 为圆心、$O_2C=O_4D$ 为半径，以 O_1、O_3 为圆心、$O_1A=O_3B$ 为半径画 4 段圆弧相切于 1、2、3、4 点，即近似作出椭圆

动画演示　　观看"椭圆的绘制方法"系列动画，直观认识用常用的椭圆绘制方法。

1.3.5 绘制简单平面图形

绘制平面图形时，首先要对图形进行尺寸分析、线段分析，明确作图顺序后，才能正确地画出图形。

1. 平面图形的尺寸分析

首先要对平面图形中所包含的尺寸逐一进行分析，为进一步进行线段分析和正确绘制平面图形做好准备。尺寸分析的主要内容如下。

- 分析哪些线是用于标注尺寸的尺寸基准。
- 分析哪些尺寸是用于确定图形形状的定形尺寸。
- 分析哪些尺寸是用于确定图素相对位置关系的定位尺寸。

（1）尺寸基准分析。尺寸基准是标注尺寸的起始点。平面图形有水平和垂直两个度量方向，所以平面图形的尺寸基准可以分为水平方向尺寸基准和垂直方向尺寸基准，它们一般是两条相互垂直的线段。

如图 1-29 所示，该图形下方的水平轮廓线和通过圆心的垂直中心线即为水平方向和垂直方向的尺寸基准。

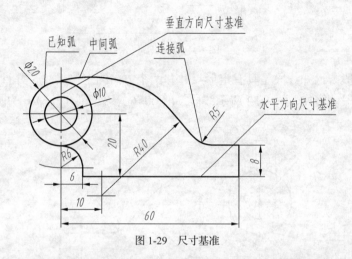

图 1-29　尺寸基准

（2）定形尺寸分析。定形尺寸是确定组成平面图形的各线段或线框的形状和大小的尺寸，如图 1-30 所示圆的直径 $\phi20$、$\phi10$、底座厚度 8 等。

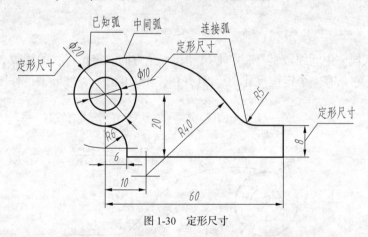

图 1-30　定形尺寸

（3）定位尺寸分析。定位尺寸是确定某一线段或某一封闭线框在整个图形内位置的尺寸，如图 1-31 所示尺寸 20、6 等。

2．线段分析

在线段分析中，根据其尺寸是否齐全，将平面图形中的线段分为 3 类：已知线段、中间线段和连接线段。

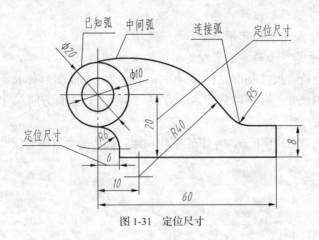

图 1-31　定位尺寸

（1）已知线段。已知线段是具有定形尺寸和两个方向的定位尺寸，并且根据这些尺寸直接就能画出的线段。例如，图 1-32 所示线段 54（60-6）、8、和 $\phi10$、$\phi20$ 的圆均为已知线段。

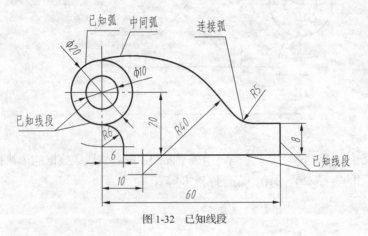

图 1-32　已知线段

（2）中间线段。中间线段是具有定形尺寸和一个方向的定位尺寸的线段。例如，图 1-33 所示圆弧 $R40$，它只有一个定位尺寸 10，只有在作出 $\phi20$ 圆后，才能通过作图确定其圆心的位置。

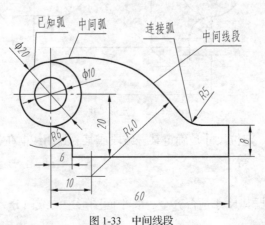

图 1-33　中间线段

（3）连接线段。只有定形尺寸，没有定位尺寸的线段，称为连接线段。例如，图 1-34 所示 R5、R6 都是连接线段，它们只有在作出与其相邻的线段后，才能通过作图的方法确定其圆心的位置。

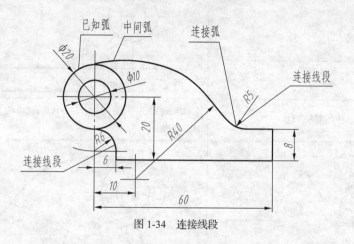

图 1-34　连接线段

 要点提示

　　仔细分析上述 3 类线段，不难看出线段连接的一般规律：在两条已知线段之间可以有任意个中间线段，但必须有且只有一条连接线段。

3. 平面图形的作图步骤

由平面图形的线段分析可知，平面图形的作图步骤如下。

（1）画出已知线段。

（2）画出中间线段。

（3）画出连接线段。

【例 1-3】　根据作图步骤绘制如图 1-35 所示的图形。

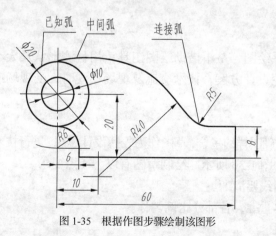

图 1-35　根据作图步骤绘制该图形

作图步骤如表 1-16 所示。

表 1-16　　　　　　　　　　　　　　　利用平面图形的作图步骤绘图

①　画平面图形的作图基准线	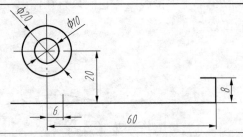②　画已知线段，尺寸为 54（60-6）和 8 的线段以及 $\phi10$、$\phi20$ 的圆
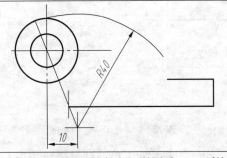③　作中间线段，半径为 40 的圆弧。R40 弧的一个定位尺寸是 10，另一个定位尺寸由 R40 减去 R10（已知圆 $\phi20$ 的半径）后，通过作图得到	④　画出连接线段 R5 和 R6 圆弧。检查各尺寸在作图过程中有无错误，然后加深图线

⑤　最后标注尺寸，做到正确、完整、清晰，至此完成全图

 要点提示　　　在作图过程中，必须准确求出中间圆弧和连接圆弧的圆心和切点的位置。

*1.3.6　画草图

画草图也就是徒手绘图，是不借助绘图工具，用目测形状及大小的方法徒手绘制的图样。在机器测绘、讨论设计方案、技术交流及现场参观时，受现场或时间限制，通常只能绘制草图。

1. 画草图的要求

在一些不能绘制精确图样的场合，草图作为表达设计思想、进行技术交流的重要图形文件，起着很重要的作用，如图 1-36 所示。绘制草图有以下 4 点要求。

（1）画线要稳，图线要清晰。

（2）目测尺寸要尽量准，各部分比例匀称。

（3）绘图速度要快。

（4）标注尺寸无误，书写清楚。

2. 画草图的方法

要画好草图，必须掌握徒手绘制各种线条的基本手法。为了便于控制图的大小比例和各

图形间的关系，可利用方格纸画草图，如图 1-37 所示。

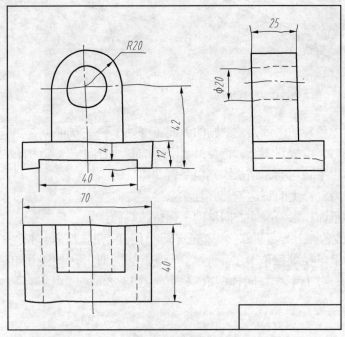

图 1-36 草图示例

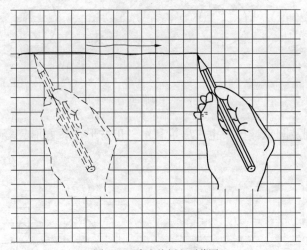

图 1-37 在方格纸上画草图

（1）铅笔的选择和握笔方法，如图 1-38 所示。

① 画草图的铅笔比用仪器画图的铅笔软一号。

② 执笔稳而有力，握笔的位置要比用仪器绘图时的握笔位置高些，以利于运笔和观察目标。

③ 笔头削成圆锥形，画粗实线要秃些，画细实线可尖些。

④ 笔杆与纸面成 45°～60° 角。

（2）线段的画法，如图 1-39 所示。

图 1-38 铅笔的选择和握笔方法

图 1-39 线段的画法

① 画斜线时，可转动图纸，使欲画的斜线正好处于顺手方向。

② 画水平线时，可放斜图纸，选择最为顺手的画线方向，一般为自左向右。

③ 画短线常以手腕运笔，画长线则以手臂动作。

④ 画垂直线时，自上而下运笔，并且注意终点方向。

⑤ 手腕靠着纸面，沿着画线方向移动，保持图线稳直。

（3）圆和曲线的画法。画圆时，应先定圆心位置，过圆心画对称中心线，在对称中心线上距圆心等于半径处截取 4 点，过这 4 个点画圆即可，如图 1-40（a）所示。画稍大的圆时可再加一对十字线并同样截取 4 点，过这 8 个点画圆即可，如图 1-40（b）所示。

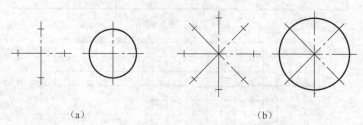

（a）   （b）

图 1-40 画圆的方法

对于圆角、椭圆及圆弧连接，也应尽量利用与正方形、长方形、菱形相切的特点画出，如图 1-41 所示。

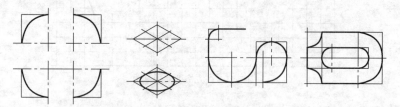

图 1-41 其他曲线的画法

本章小结

本章的主要内容如表 1-17 所示。

制图国家标准的基本规定	常用尺规绘图工具	常用几何图形的画法
图纸幅面和格式：包括图纸长和宽的数值以及图框 标题栏：位于图纸的右下角，文字方向为看图方向 比例：注意尺寸数值应按实际尺寸注出 字体：基本要求为字体端正、笔画清楚、排列整齐、间隔均匀。字母和数字用 B 型斜体字 图线：宽度、线段长度、间隔都应大致相等 尺寸标注：由 4 个要素组成	绘图铅笔：铅笔软硬度及铅芯形状根据用途进行选择 丁字尺和三角板：用于画水平线、铅垂线、15°倍角的斜线、任意角度的平行线 圆规和分规：画圆（弧）、量取和等分线段	等分圆周和作正多边形：是制图中的基本训练项目 斜度和锥度：习惯上简化为 1:n 的形式标注 圆弧连接：线段与线段、圆弧与圆弧、圆弧与线段 椭圆：同心圆法和四心扁圆法 绘制简单平面图形：首先进行尺寸分析、线段分析，然后选择合理的作图步骤进行绘图

表 1-17　本章主要内容

思考与练习

（1）A1 图纸幅面是 A3 图纸幅面的几倍？

（2）什么是比例？在使用比例时应注意哪些问题？

（3）常用图线有哪些基本类型？如果粗实线的宽度 d=1mm，那么细实线、虚线、细点画线以及粗点画线的宽度各是多少 mm？

（4）尺寸标注的四要素是什么？在标注尺寸时要注意什么问题？

（5）什么是斜度与锥度？如何标注斜度与锥度？

（6）简述用连接圆弧外连接两已知圆弧的作图步骤。

（7）平面图形尺寸分析的主要内容是什么？

（8）简述平面图形的作图步骤？

第2章 投影基础

很多同学都观赏过如图 2-1 所示的手影表演，表演者精确地变换手型，通过光的投影，屏幕上就会出现栩栩如生的手影形象。请同学们思考以下问题。

- 屏幕上的手影是如何形成的？
- 屏幕上手影的形状和大小是否与手的形状和大小完全一致？
- 手影表演中蕴涵的影像形成原理对绘制机械图样有什么启发？

图 2-1　手影表演

【学习目标】

- 掌握投影法的基本原理，了解投影的种类及应用。
- 掌握点、直线和平面的基本投影特性。
- 掌握典型平面立体的投影特性。
- 掌握典型曲面立体的投影特性。
- 了解基本体的尺寸标注规范。
- 了解在特定基本体表面上求特殊点投影的方法。

2.1　投影法和三视图的形成

如图 2-2 所示，在灯光下看书，灯光便在桌面上投下书的影子，这就是投影现象。

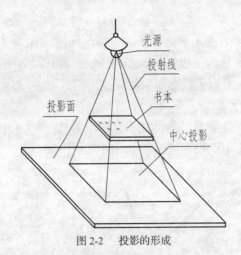

图 2-2 投影的形成

光线通过物体向选定的平面进行投射，并在该平面上得到图形的方法，称为投影法。

2.1.1 投影基础知识

投影法可分为中心投影法和平行投影法两类，如图 2-3 所示。

1. 中心投影法

投影线汇交于一点的投影法为中心投影法，得到的投影称为中心投影，如图 2-4 所示。

$$投影法 \begin{cases} 中心投影法（画透视图） \\ 平行投影法 \begin{cases} 斜投影法（画斜轴测图） \\ 正投影法（画工程图样及正轴测图） \end{cases} \end{cases}$$

图 2-3 投影法的分类

中心投影法应用较为广泛，其特点如下。

（1）投影大小随投射中心距离物体的远近或者物体距离投影面的远近而变化。

（2）投影不反映物体原来的真实大小，因此不适用于绘制机械图样。

（3）图形立体感较强，适用于绘制建筑物的外观图、美术画等，如图 2-5 所示。

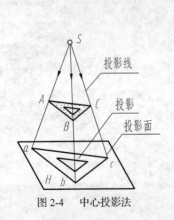

图 2-4 中心投影法

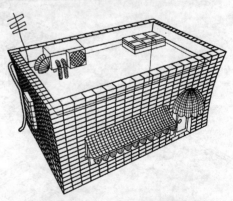

图 2-5 使用中心投影绘制的建筑图

问题思考

逐渐向上移动图 2-4 中光源 S 的位置，在保持投影物体位置不变的情况下，最后获得的投影将会怎样变化？将光源 S 移动到无穷远处，获得的投影又会有什么特点？

2. 平行投影法

投影线相互平行的投影方法为平行投影法，得到的投影称为平行投影。平行投影法根据投影线是否垂直于投影面，分为正投影法和斜投影法，如图2-6所示。

（1）正投影法。投影线垂直于投影面的投影法为正投影法，所得投影为正投影，如图2-6（a）所示。

正投影法得到的投影图能够表达物体的真实形状和大小，因此，机械图样通常采用正投影法绘制。图2-7所示为使用正投影法绘制的零件三视图。

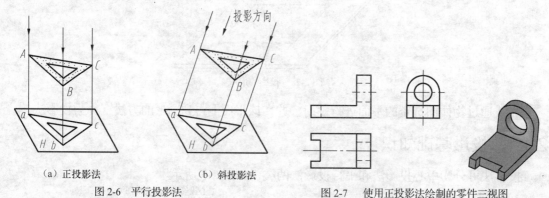

（a）正投影法　　　　　（b）斜投影法

图2-6　平行投影法

图2-7　使用正投影法绘制的零件三视图

（2）斜投影法。投影线倾斜于投影面的投影法为斜投影法，所得投影为斜投影，如图2-6（b）所示。

斜投影法主要用于绘制有立体感的图形，图2-8所示为使用斜轴测图来表达机件的结构。

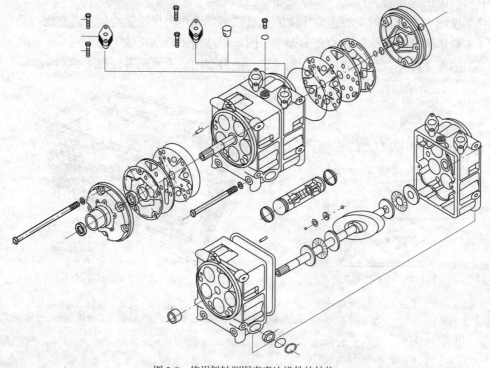

图2-8　使用斜轴测图来表达机件的结构

观看"投影的基本原理"动画,直观认识投影的形成原理和形成过程。

3. 正投影的基本特性

在机械图样中,视图都是通过正投影方式获得的。下面以对直线、平面进行正投影来说明其特性。

(1)真实性。物体上的平面或直线平行于投影面时,其投影反映平面的真实形状或直线的真实长度,这种投影特性称为真实性,如图2-9(a)中的平面 P 和线段 AB。

(2)积聚性。物体上的平面或直线垂直于投影面时,其投影积聚成一条线,直线的投影积聚成一点,这种投影特性称为积聚性,如图2-9(b)中的平面 Q 和线段 BC。

(3)类似性。物体上的平面或直线倾斜于投影面时,其投影仍为类似的平面图形,但平面的面积缩小,直线的长度缩短,这种投影特性称为类似性,如图2-9(c)中的平面 R 和线段 AD。

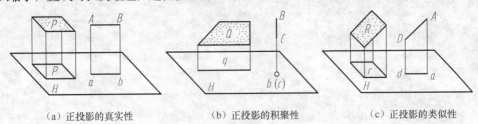

(a)正投影的真实性　　　　　(b)正投影的积聚性　　　　　(c)正投影的类似性

图 2-9　正投影的基本特性

观看"正投影的基本特性"动画,直观认识正投影的 3 个重要特性:真实性、积聚性和类似性。

2.1.2　三视图的形成

在日常生活中,人们常常因为两个人的背影相似而认错人,这是为什么?

如图 2-10 所示,两个形状不同的物体在同一投影面上却得到了相同的视图,这是什么原因造成的?

在机械图样中,使用正投影法绘制的物体投影图形,称为视图。

仅用一个方向的视图不能完全确定物体的形状和大小,需要从几个不同的方向进行投影,形成一组视图来表达对象。机械制图中通常采用从 3 个方向投影的三视图来表达对象,如图 2-11 所示。

1. 三视图的形成原理

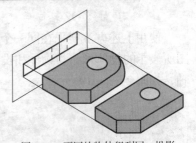

图 2-10　不同的物体得到同一投影

观察一个物体的角度很多,人们一般从哪些角度去观察物体?分别从前、后、左、右、上、下观察物体,是否可以获得物体的全部外观信息呢?

（1）三投影面体系。三投影面体系由 3 个互相垂直相交的投影面构成，如图 2-12 所示。这 3 个投影面分别介绍如下。

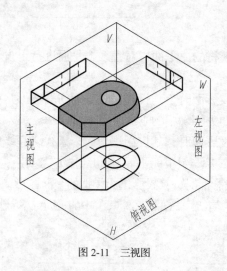

图 2-11　三视图　　　　　　　　　　　　　图 2-12　三投影面体系

- 正立投影面，用 V 表示。
- 水平投影面，用 H 表示。
- 侧立投影面，用 W 表示。

3 个投影面之间的交线称为投影轴，分别用 OX、OY、OZ 表示。

（2）三视图的形成。如图 2-13（a）所示，将物体置于三投影面体系中，用正投影法分别向 3 个投影面投影后，即可获得物体的三面投影。

- V 面投影称为主视图。
- H 面投影称为俯视图。
- W 面投影称为左视图。

（3）三投影面的展开。如图 2-13（b）所示，为了把物体的三面投影画在同一平面上，规定如下。

- 保持 V 面不动。
- 将 H 面绕 OX 轴向下旋转 90°。
- 将 W 面绕 OZ 轴向后旋转 90°，使其与 V 面处在同一平面上。

使用上述方法展平在同一个平面上的视图，简称三视图，如图 2-13（c）所示。由于视图所表示的物体形状与物体和投影面之间的距离无关，所以绘图时可省略投影面边框及投影轴，如图 2-13（d）所示。

 动画演示　　观看"三视图的形成"动画，动态展示三视图的形成过程。

2. 三视图之间的关系

三视图之间存在着位置、投影和方位 3 种对应关系。

（1）位置关系。以主视图为基准，一般情况下，俯视图位于主视图的正下方，左视图位于主视图正右方，如图 2-14 所示。

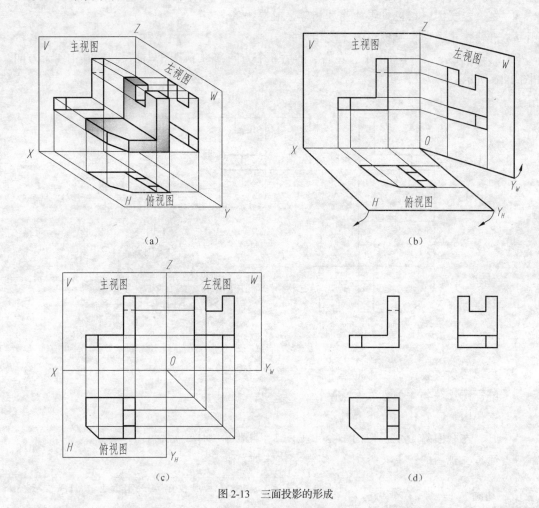

（a）

（b）

（c）

（d）

图 2-13　三面投影的形成

（2）投影关系。主、俯、左 3 个视图之间的投影关系，通常简称为"长对正、高平齐、宽相等"，如图 2-15 所示。

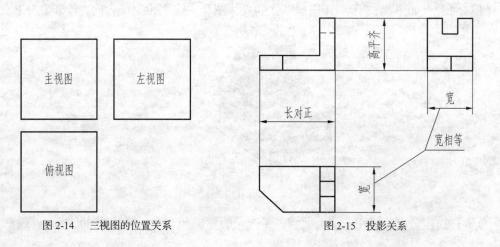

图 2-14　三视图的位置关系

图 2-15　投影关系

- 主、俯视图中相应投影的长度相等，且要对正。
- 主、左视图中相应投影的高度相等，且要平齐。
- 俯、主视图中相应投影的宽度相等。

（3）方位关系。物体有上下、左右、前后 6 个方向，每个视图只能反映出其中 4 个方向，如图 2-16 所示。

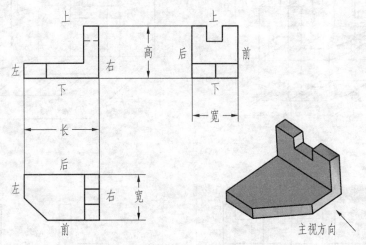

图 2-16　方位关系

- 主视图反映物体的上下和左右。
- 俯视图反映物体的左右和前后。
- 左视图反映物体的上下和前后。
- 俯、左视图靠近主视图的一侧（里侧），均表示物体的后面。
- 远离主视图的一侧（外侧），均表示物体的前面。

 动画演示　　观看"三视图的投影规律"动画，直观认识三视图中各视图之间在位置、方位上的对应关系。

3．三视图的绘制步骤

【例 2-1】　如图 2-17 所示，根据零件的立体图和主视图投射线方向，绘制其三视图。

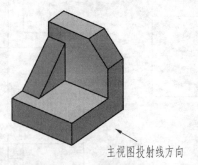

主视图投射线方向

图 2-17　零件的立体图

分析：物体是由一块在右端上面切去了一角的弯板和一个三棱柱叠加而成，其绘制步骤如表 2-1 所示。

表 2-1　　　　　　　　　　　三视图的绘制步骤

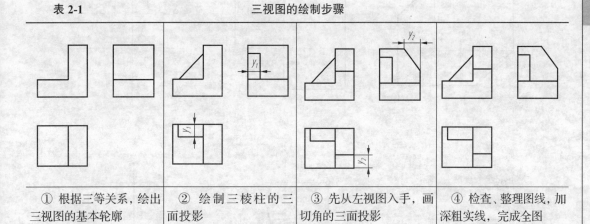

① 根据三等关系，绘出三视图的基本轮廓	② 绘制三棱柱的三面投影	③ 先从左视图入手，画切角的三面投影	④ 检查、整理图线，加深粗实线，完成全图

2.2　点、直线和平面的投影

 问题思考　　点按照一定路径运动，其轨迹是什么？直线按照一定轨迹运动，获得的图形是什么？平面按照一定轨迹运动，获得的图形又是什么？

组成物体的基本元素是点、线、面，如图 2-18 所示。点的运动轨迹构成线，线的运动轨迹构成面，面的运动轨迹构成体。

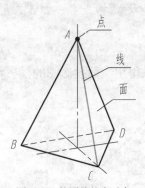

图 2-18　构图的基本元素

2.2.1　点的三面投影

空间点的投影仍为一个点。

1. 点的三面投影形成

如图 2-19（a）所示，由空间点 A 分别向 3 个投影面作垂线，垂足 a、a'、a'' 即为点 A 的三面投影。展开三投影面体系得到点的三面投影图，如图 2-19（c）所示。

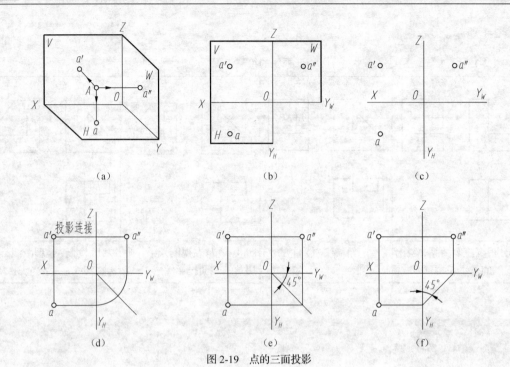

图 2-19　点的三面投影

2. 点的投影标记

按照以下约定来标记点以及点的投影。

- 空间点用大写字母表示，如 A、B、C 等。
- 水平投影用相应的小写字母表示，如 a、b、c 等。
- 正面投影用相应的小写字母加撇表示，如 a'、b'、c'。
- 侧面投影用相应的小写字母加两撇表示，如 a''、b''、c''。

3. 点的投影规律

3 投影线相互垂直，8 个顶点 A、a、a_Y、a'、a''、a_X、O、a_Z 构成正六面体，如图 2-20（a）所示，根据正六面体的性质，可以得出三面投影图的投影特性。

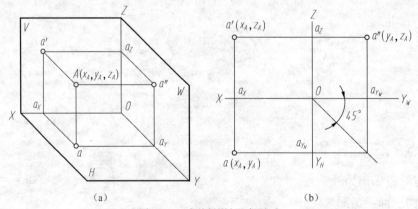

图 2-20　点的投影与坐标关系

（1）投影连线与投影轴之间的位置关系如图 2-20（b）所示。

- 点的正面投影和水平投影的连线垂直于 OX 轴，即 $aa' \perp OX$（长对正）。
- 点的正面投影和侧面投影的连线垂直于 OZ 轴，即 $a'a'' \perp OZ$（高平齐）。
- $aa_{Y_H} \perp OY_H$，$a''a_{Y_W} \perp OY_W$（宽相等）。

（2）点的投影与点的坐标之间的关系如下。

- $a'a_Z = aa_{Y_H} = A$ 点的 x 坐标 $= Aa''$（A 点到 W 面的距离）
- $aa_X = a''a_Z = A$ 点的 y 坐标 $= Aa'$（A 点到 V 面的距离）
- $a'a_X = a''a_{Y_W} = A$ 点的 z 坐标 $= Aa$（A 点别 H 面的距离）

为了表示点的水平投影到 OX 轴的距离等于点的侧面投影到 OZ 轴的距离，即 $aa_X = a''a_Z$，可以用 45° 线反映该关系，如图 2-20（b）所示。

【例 2-2】 已知 A 点的正面投影 a' 和侧面投影 a'' 如图 2-21（a）所示，要求作其水平投影 a。

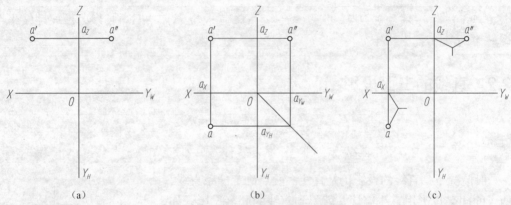

图 2-21　已知点的两面投影求第三投影

根据点的投影规律，a 可用 45° 斜线法和直接量取法两种方法求解。

（1）45° 斜线法。

① 过 a' 作 OX 轴的垂线，a 必在此垂线上。

② 过原点 O 作 45° 线。

③ 过 a'' 作 OY_W 轴的垂线与过 O 点的 45°斜线相交于一点。

④ 过交点再作 OX 轴的平行线，与过 a' 所作的垂线相交即得 a，如图 2-21（b）所示。

（2）直接量取法。

① 过 a' 作 OX 轴的垂线，于 OX 轴相交于点 a_X。

② 用圆规直接量取 $a''a_Z = aa_X$ 即可得 a，如图 2-21（c）所示。

【例 2-3】 作点 A（20、10、18）的三面投影，如图 2-22 所示。

分析：根据点的投影与直角坐标关系，先作出点的正面投影 a' 和水平投影 a，再根据投影关系求出其侧面投影 a''。其作图步骤如表 2-2 所示。

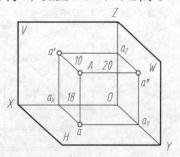

图 2-22　作点 A 的三面投影

表 2-2	作点 A 的三面投影	
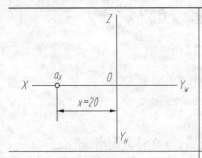	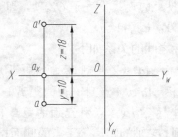	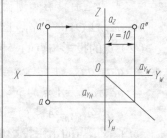
① 画出投影轴，并在 OX 轴上量取 Oa_X=20mm 得点 a_X	② 过点 a_X 作 OX 轴的垂线，并在垂线上从 a_X 向下量取 y=10mm，得水平投影 a；向上量取 z=18mm 得正面投影 a'	③ 由 45° 斜线法求出侧面投影 a''

 动画演示　　观看"点的投影特性"动画，直观认识点的三面投影的形成过程及其投影特性。

2.2.2　直线的三面投影

 问题思考　　想一想，把空间一条直线投影到一个平面上，其形状、大小会变化吗？一条直线投影到平面上，其长度可能增加吗？

　　一般情况下，直线的投影仍是直线。两点确定一条直线，将两点的同名投影用直线连接，就得到直线的同名投影，如图 2-23 所示。

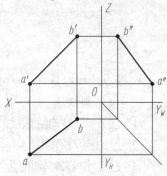

图 2-23　直线的投影

1. 直线投影的基本特性

（1）直线倾斜于投影面的投影比空间线段短（ab=ABcosα），如图 2-24（a）所示。

（2）直线垂直于投影面的投影重合为一点，如图 2-24（b）所示。

（3）直线平行于投影面的投影反映线段实长（ab=AB），如图 2-24（c）所示。

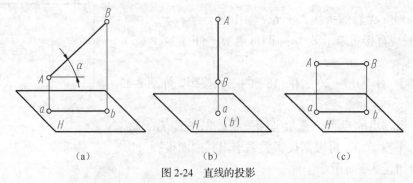

（a）	（b）	（c）

图 2-24　直线的投影

2. 各种位置直线的投影特性

直线对投影面的相对位置可以分为 3 种：投影面平行线、投影面垂直线和投影面倾斜线。前两种为投影面特殊位置直线，后一种为投影面一般位置直线，如图 2-25 所示。

（1）投影面平行线。与投影面平行的直线称为投影面平行线，它分为以下 3 种。

- 与 H 面平行的直线称为水平线。
- 与 V 面平行的直线称为正平线。
- 与 W 面平行的直线称为侧平线。

投影面平行线通常与一个投影面平行，与另外两个投影面倾斜，其投影图及投影特性如表 2-3 所示。图中规定：直线（或平面）对 H、V、W 面的倾角分别用 α、β、γ 表示。

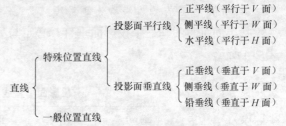

图 2-25 直线的投影分类

表 2-3 投影面平行线的投影特性

名称	水 平 线	正 平 线	侧 平 线
立体图			
投影图			
投影特性	1. 水平投影反映实长和真实倾角，即水平投影与 X 轴夹角为 β，与 Y 轴夹角为 α 2. 正面投影平行 X 轴 3. 侧面投影平行 Y 轴	1. 正面投影反映实长和真实倾角，即与 X 轴夹角为 α，与 Z 轴夹角为 γ 2. 水平投影平行 X 轴 3. 侧面投影平行 Z 轴	1. 侧面投影反映实长和真实倾角，即与 Y 轴夹角为 α，与 Z 轴夹角为 β 2. 正面投影平行 Z 轴 3. 水平投影平行 Y 轴
实例			

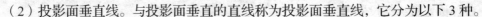

（2）投影面垂直线。与投影面垂直的直线称为投影面垂直线，它分为以下 3 种。

- 与 H 面垂直的直线称为铅垂线。
- 与 V 面垂直的直线称为正垂线。
- 与 W 面垂直的直线称为侧垂线。

投影面垂直线与一个投影面垂直，必定与另外两个投影面平行，其投影图及投影特性如表 2-4 所示。

表 2-4　　　　　　　　　　　　　　投影面垂直线的投影特性

名称	铅 垂 线	正 垂 线	侧 垂 线
立体图			
投影图			
投影特性	1. 水平投影积聚为一点 2. 正面投影和侧面投影都平行于 Z 轴，并反映实长	1. 正面投影积聚为一点 2. 水平投影和侧面投影都平行于 Y 轴，并反映实长	1. 侧面投影积聚为一点 2. 正面投影和水平投影都平行于 X 轴，并反映实长
实例			

（3）一般位置直线。一般位置直线与 3 个投影面都倾斜，且在 3 个投影面上的投影都不反映实长，投影与投影轴之间的夹角也不反映直线与投影面之间的倾角，如图 2-26 中的线段 SA。

一般位置直线的投影特性如下。

- 在 3 个投影面上的投影均为倾斜直线。

- 投影长度均小于实长。

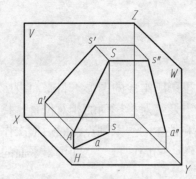

图 2-26　一般位置直线的投影

【例 2-4】　参照图 2-27（a）所示的立体图分析三棱锥各条棱线的空间位置关系。

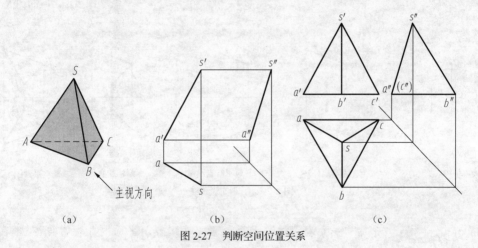

（a）　　　　　　　　　　（b）　　　　　　　　　　（c）

图 2-27　判断空间位置关系

作图步骤如下。

① 按照三棱锥上每条棱线所标的字母，将它们的投影从视图中分离出来。例如，棱线 SA 分离以后的投影如图 2-27（b）所示。

② 根据不同位置直线的投影图特征，如图 2-27（c）所示，分别判别各条棱线的空间位置如下。

- SA 为一般位置线。
- AB 为水平线。
- SB 为侧平线。
- BC 为水平线。
- SC 为一般位置线。
- AC 为侧垂线。

动画演示　　观看"直线的投影特性"动画，直观认识直线的种类以及各类直线的投影特点。

2.2.3 平面的三面投影

 **问题
思考** 　　平面是怎么表示的？把空间一个平面投影到一个投影面上，其形状、大小会变化吗？

　　平面的投影是由其轮廓线投影所组成的图形。将平面投影时，可根据平面的几何形状特点及其对投影面的相对位置，找出能够决定平面的形状、大小和位置的一系列点，然后依次作出这些点的三面投影并连接这些点的同面投影，即可得平面的三面投影，如图 2-28 所示。

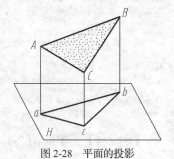

图 2-28　平面的投影

1. 平面的表示法

　　在投影图上可以用图 2-29 中任何一组几何元素的投影表示平面。

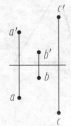 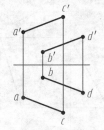 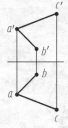 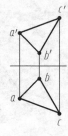

不在同一直线上的 3 个点　　直线及线外一点　　两平行直线　　两相交直线　　平面图形

图 2-29　平面的表示法

 **动画
演示** 　　观看"平面表示法"动画，直观认识表示平面的几种常见方法。

2. 平面投影的基本特性

平面投影有以下基本特性。

（1）实形性。如果平面平行于投影面，其投影反映该平面的实形，如图 2-30（a）所示。

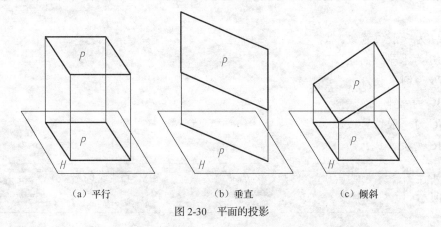

（a）平行　　　　　　　　（b）垂直　　　　　　　　（c）倾斜

图 2-30　平面的投影

（2）积聚性。如果平面垂直于投影面，其投影积聚为一条直线，如图 2-30（b）所示。

（3）类似性。如果平面倾斜于投影面，其投影与该平面相类似，如图 2-30（c）所示。

3. 各种位置平面的投影特性

平面和投影面的相对位置关系与直线和投影面的相对位置关系相同，如图 2-31 所示。

（1）投影面平行面。投影面平行面平行于一个投影面，必与另外两个投影面垂直。

- 与 H 面平行的平面称为水平面。
- 与 V 面平行的平面称为正平面。
- 与 W 面平行的平面称为侧平面。

投影面平行面的投影图及投影特性如表 2-5 所示。

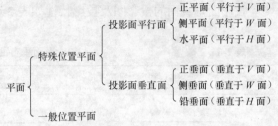

图 2-31　平面的投影分类

表 2-5　　　　　　　　　　投影面平行面的投影特性

名称	水　平　面	正　平　面	侧　平　面
立体图			
投影图			
投影特性	1. 水平投影反映实形 2. 正面投影积聚成平行于 X 轴的直线 3. 侧面投影积聚成平行于 Y 轴的直线	1. 正面投影反映实形 2. 水平投影积聚成平行于 X 轴的直线 3. 侧面投影积聚成平行于 Z 轴的直线	1. 侧面投影反映实形 2. 正面投影积聚成平行于 Z 轴的直线 3. 水平投影积聚成平行于 Y 轴的直线
实例			

（2）投影面垂直面。投影面垂直面垂直于一个投影面，并与另外两个投影面倾斜。

- 与 H 面垂直的平面称为铅垂面。
- 与 V 面垂直的平面称为正垂面。
- 与 W 面垂直的平面称为侧垂面。

投影面垂直面的投影图及投影特性如表 2-6 所示。

表 2-6　　　　　　　　　　　　　　　投影面垂直面的投影特性

名称	铅 垂 面	正 垂 面	侧 垂 面
立体图			
投影图			
投影特性	1. 水平投影积聚成直线，且水平投影与 X 轴夹角为 β，与 Y 轴夹角为 γ 2. 正面投影和侧面投影具有类似性	1. 正面投影积聚成直线，且正面投影与 X 轴夹角为 α，与 Z 轴夹角为 γ 2. 水平投影和侧面投影具有类似性	1. 侧面投影积聚成直线，且侧面投影与 Y 轴夹角为 α，与 Z 轴夹角为 β 2. 正面投影和水平投影具有类似性
实例			

（3）一般位置平面。一般位置平面与 3 个投影面都倾斜，因此，在 3 个投影面上的投影都不反映实形，而是缩小了的类似形，如图 2-32 所示。

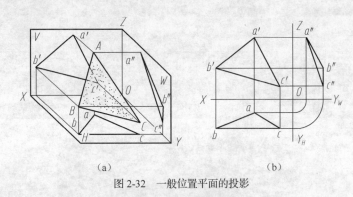

（a）   （b）

图 2-32 一般位置平面的投影

 动画演示 　观看"平面的投影特性"动画，直观认识平面的种类及各种平面的投影特点。

【例 2-5】 参照图 2-33（a）所示的立体图分析三棱锥各平面的空间位置。

作图步骤如下。

① 按照三棱锥上每个平面所标的字母，将其投影分离出来。例如，面 SAC 分离以后的投影如图 2-33（b）所示。

② 根据不同位置平面投影图的特性，如图 2-33（c）所示，判断三棱锥上各平面的空间位置如下。

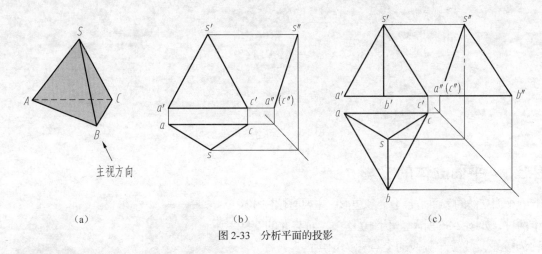

（a）   （b）   （c）

图 2-33 分析平面的投影

- 面 SAC 为侧垂面。
- 面 SBC 为一般位置平面。
- 面 SAB 为一般位置平面。
- 面 ABC 为水平面。

2.3 基本体的投影

 问题思考　　幼儿园的小朋友玩积木游戏时,用各种形状不同的积木通过各种不同搭配就可以拼出不同形状的房子、桥梁等,如图 2-34 所示。想一想,这对理解工程制图有什么启示?

图 2-34　搭积木游戏

　　机械零件不管其形状多么复杂,都可看成由棱柱、棱锥、圆柱、圆锥、圆球等单一几何形体(简称基本体)按一定方式组合而成,如图 2-35 所示。

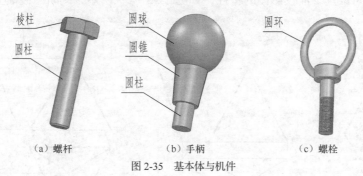

（a）螺杆　　　　　　　（b）手柄　　　　　　　（c）螺栓

图 2-35　基本体与机件

2.3.1　平面立体的投影

　　平面立体的表面是若干个多边形,主要有棱柱和棱锥两种,如图 2-36 所示。平面立体中,面与面的交线称为棱线,棱线与棱线的交点称为顶点。

　　绘制平面立体图的投影,可归结为绘制它的所有多边形表面的投影。

1. 棱柱

　　下面以正六棱柱为例,分析棱柱的投影特性及三视图的画法。

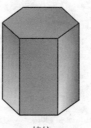
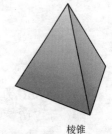

棱柱　　　　　　　　　　棱锥

图 2-36　常见的平面立体

（1）形体分析。常见的棱柱为直棱柱，其上底面和下底面是两个全等且互相平行的多边形。若为正多边形的直棱柱，则称为正棱柱。直棱柱各棱面为矩形，侧棱垂直于底面，如图 2-37（a）所示。

（2）投影分析。如图 2-37（b）所示，使正六棱柱底面平行于 H 面，使其一个棱面平行于 V 面，然后向 3 个投影面投影，得到 3 个视图如图 2-37（c）所示。其投影特点如下。

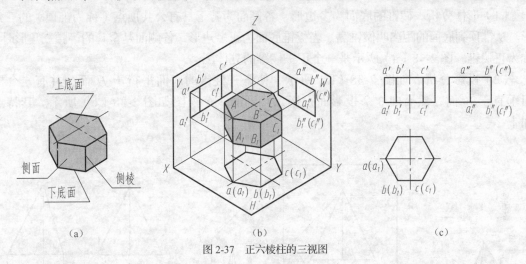

图 2-37　正六棱柱的三视图

- 俯视图为正六边形，上、下底面的投影重合并反映实形；六边形的 6 条边是棱柱的 6 个侧面的积聚投影；6 条棱线的水平投影则积聚在六边形的 6 个顶点上。

- 主视图是 3 个相连的矩形线框。中间较大的矩形线框 $b'b_1'c'c_1'$ 是棱柱前、后两个侧面的重合投影，并反映实形；左、右两个较小的矩形线框是棱柱其余 4 个侧面的重合投影，为缩小的类似形；棱柱的上、下底面为水平面，其正面投影积聚成两水平方向的线段。

- 左视图是两个大小相等且相连的矩形线框，是六棱柱左、右两边 4 个侧面的重合投影，为缩小的类似形；六棱柱前、后两个侧面为正平面，其侧面投影积聚成两段铅垂线；六棱柱上、下底面的侧面投影仍积聚成两段水平直线。

【例 2-6】　绘制正六棱柱三视图。

作图步骤如表 2-7 所示。

表 2-7　　　　　　　　　　　　　　　绘制正六棱柱三视图

① 布置图面，绘制基准线，包括中心线、底面基准线等	② 绘制俯视图（特征图形六边形）	③ 根据六棱柱的高，按"长对正"的投影关系绘制主视图	④ 根据主、俯视图，按"高平齐、宽相等"的投影关系绘制左视图，最后清理并加粗图线

观看"绘制正六棱柱三视图"动画，动态展示绘制正六棱柱三视图的一般过程。

2. 棱锥

下面以正三棱锥为例，分析棱锥的投影特性及三视图的画法。

（1）形体分析。棱锥的底面为多边形，各侧面为若干具有公共顶点（称为锥顶）的三角形。从锥顶到底面的距离叫做锥高。当棱锥底面为正多边形，各侧面是全等的等腰三角形时，称为正棱锥。图 2-38（a）所示是一个正三棱锥的立体图。

（2）投影分析。如图 2-38（b）所示，使正三棱锥的底面平行于 H 面，并有一个棱面垂直于 W 面，然后向 3 个投影面投影，得到的 3 个视图如图 2-38（c）所示。其特点如下。

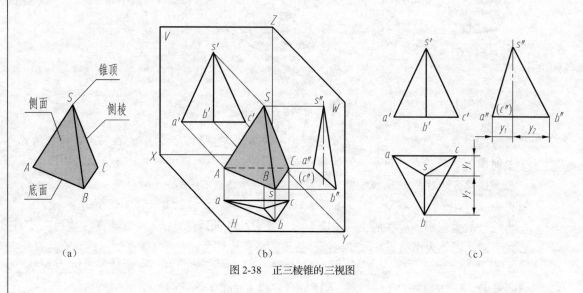

图 2-38　正三棱锥的三视图

- 俯视图中，面 abc 为棱锥底面 ABC 的投影，反映实形；锥顶 S 的水平投影位于底面三角形的中心上；3 条侧棱的水平投影 sa、sb、sc 交于 s，且把面 abc 分成 3 个全等的等腰三角形，但都不反映实形。

- 主视图中，棱锥底面的正面投影积聚成水平方向的线段 $a'b'c'$；由于棱锥的 3 个侧面都倾斜于 V 面，所以其正向投影 $s'a'b'$、$s'b'c'$ 和 $s'a'c'$ 都不反映实形。

- 左视图中，棱锥底面的侧面投影仍积聚成水平方向的线段 $a''（c''）b''$；侧面 SAC 为侧垂面，其侧面投影积累成线段 $s''a''（c''）$；左、右对称的两个侧面 SAB 和 SBC 倾斜于 W 面，其侧面投影重合且不反映实形；侧棱 SB 为侧平线，其侧面投影 $s''b''$ 反映实长。

【例 2-7】　绘制正三棱锥的三视图。

作图步骤如表 2-8 所示。

表 2-8		绘制正三棱锥的三视图	
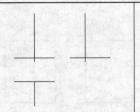		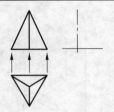	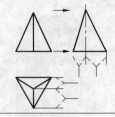
① 布置画面，绘制作图基准线	② 绘制俯视图（特征视图）	③ 根据三棱锥的高，按"长对正"的投影关系绘制主视图	④ 根据主、俯视图，按投影关系绘制左视图，然后清理并加粗图线

　　观看"绘制正三棱锥三视图"动画，动态展示绘制正三棱锥三视图的一般过程。

2.3.2　曲面立体的投影

　　一条直线或曲线绕一条轴线回转形成的面，称为回转面，如圆柱面、圆锥面、圆球面等。由回转面和平面围成的立体，称为回转体，如圆柱、圆锥、圆球等，如图 2-39 所示。

1. 圆柱

　　（1）圆柱面的形成。如图 2-40（a）所示，圆柱面可看成是由一条直母线 AA_1 围绕与它平行的轴线 OO_1 回转而成。圆柱面上任意一条平行于轴线的直线，称为圆柱面的素线。

（a）圆柱

（b）圆锥

（c）圆球

图 2-39　常见的回转体

　　（2）形体分析。圆柱面和上、下底面（圆平面）围成的立体，称为圆柱体，简称圆柱，如图 2-40（a）所示。上、下底面之间的距离为圆柱的高，素线和上、下底面垂直，长度等于圆柱的高。

　　（3）投影分析。如图 2-40（b）所示，使圆柱底面平行于 H 面，即轴线垂直于 H 面，然后向 3 个投影面投影，得到的 3 个视图如图 2-40（c）所示。其特点如下。

- 俯视图为一个圆，反映了上、下底面的实形，该圆的圆周为圆柱面的积聚投影，圆柱面上任何点、线的投影积聚在该圆周上，用相互垂直相交的细点画线（中心线）的交点表示圆心的位置。

- 主视图为一个矩形线框，其上、下两边是圆柱上、下底面的投影，有积聚性；左、右两边 $a'a_1'$ 和 $b'b_1'$ 为圆柱上最左、最右两条素线 AA_1 和 BB_1 的投影；通过这两条素线上各点的投射线都与圆柱面相切，如图 2-40（b）所示。这两条素线确定了圆柱面由前向后（即主视方向）投射时的轮廓范围，称为轮廓素线。此外，用细点画线表示圆柱轴线的投影。

- 左视图也是一个矩形线框。其上、下两边仍是圆柱上、下底面的投影，有积聚性；其余两边 $c''c_1''$ 和 $d''d_1''$ 则是圆柱面上最前、最后两条素线 CC_1 和 DD_1 的投影；圆柱轴线的投影仍用细点画线表示。

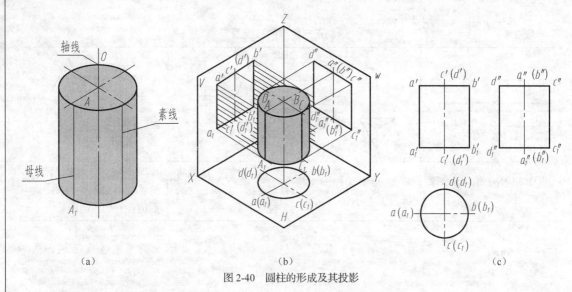

（a）　　　　　　　　　　　（b）　　　　　　　　　　　　（c）

图 2-40　圆柱的形成及其投影

【例 2-8】　绘制圆柱的三视图。

作图步骤如表 2-9 所示。

表 2-9　　　　　　　　　　　　　　　绘制圆柱的三视图

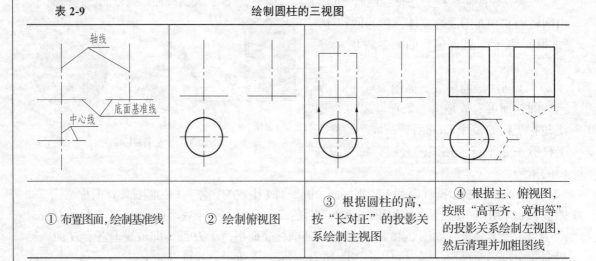

① 布置图面，绘制基准线	② 绘制俯视图	③ 根据圆柱的高，按"长对正"的投影关系绘制主视图	④ 根据主、俯视图，按照"高平齐、宽相等"的投影关系绘制左视图，然后清理并加粗图线

观看"绘制圆柱三视图"动画，动态展示绘制圆柱三视图的一般过程。

2. 圆锥

（1）圆锥面的形成。如图 2-41（a）所示，圆锥面可看成是由一条直母线 SA 绕与它相交的轴线 OO_1 回转而成，交点为 S 点。圆锥面上任意一条过 S 点并与轴线相交的直线，称为圆锥面的素线。

（2）形体分析。圆锥面和底面（圆平面）围成的立体称为圆锥体，简称圆锥，如图 2-41（a）所示。S 点为锥顶，底面和锥顶之间的距离为圆锥的高，素线和底面倾斜。

（3）投影分析。如图 2-41（b）所示，将圆锥放在三投影面体系中，使其放置成底面平

行于 H 面，即轴线垂直于 H 面，然后向 3 个投影面投影，得到的 3 个视图如图 2-41（c）所示。其特点如下。

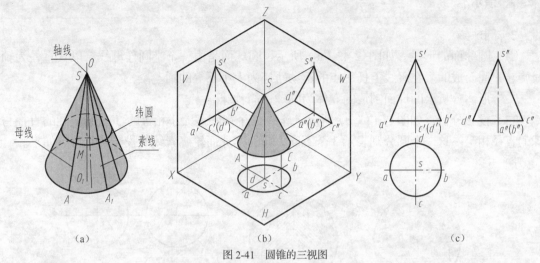

图 2-41　圆锥的三视图

- 圆锥的俯视图是一个圆，反映底圆的实形。该圆也是圆锥面的水平投影，其中锥顶 S 的水平投影位于圆心上。整个锥面的水平投影可见，底面被锥面挡住不可见。
- 圆锥的主视图是一个等腰三角形。底边为圆锥底面的积聚投影，两腰为锥面上左、右两条轮廓素线 SA 和 SB 的投影。SA 和 SB 的水平投影不需要画出，其投影位置与圆的中心线重合；SA 和 SB 的侧面投影也不需要画出，其投影位置与圆锥轴线的侧面投影重合。
- 轮廓素线 SA 和 SB 将锥面分为前、后对称的两部分，前半部分锥面的正面投影可见，后半部分不可见。
- 圆锥的左视图也是等腰三角形。底边仍是圆锥底面有积聚性的投影，两腰则为锥面上前、后两条轮廓素线 SC 和 SD 的投影。这两条素线将锥面分为左、右对称的两部分，左半部分锥面的侧面投影可见，右半部分不可见。SC 和 SD 的正面投影及水平投影也不需要画出，其投影位置读者可自行分析。

【例 2-9】　绘制圆锥的三视图。

作图步骤如表 2-10 所示。

表 2-10　　　　　　　　　　　　　绘制圆锥的三视图

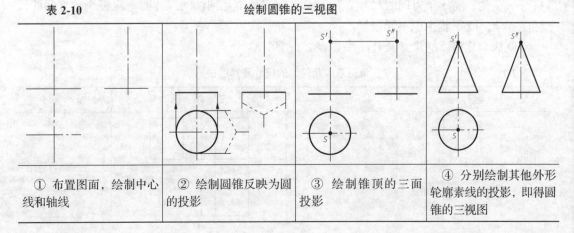

| ① 布置图面，绘制中心线和轴线 | ② 绘制圆锥反映为圆的投影 | ③ 绘制锥顶的三面投影 | ④ 分别绘制其他外形轮廓素线的投影，即得圆锥的三视图 |

观看"绘制圆锥三视图"动画，动态展示绘制圆锥三视图的一般过程。

3．圆球

（1）圆球面的形成。如图 2-42（a）所示，圆球面是由一个半圆作母线，以其直径为轴线旋转一周而成的。在母线上任一点的运动轨迹为大小不等的圆。

（2）形体分析。圆球面围成的立体为圆球，简称球。

（3）投影分析。如图 2-42（c）所示，球的 3 个视图是大小相等的 3 个圆，圆的直径与球的直径相等。这 3 个圆分别表示 3 个不同方向的圆球面轮廓素线的投影。其特点如下。

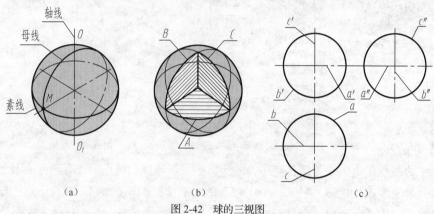

（a）　　　　　　　　（b）　　　　　　　　（c）

图 2-42　球的三视图

- 圆球面的 3 个投影都没有积聚性。
- 圆球的 3 个投影均为半径相等的圆。

 观看"绘制圆球三视图"动画，动态展示绘制圆球三视图的一般过程。

2.3.3　基本体的尺寸标注

视图只用来表达物体的形状，而物体的大小由图样上标注的尺寸数值来确定。任何物体都具有长、宽、高 3 个方向的尺寸。在视图上标注基本几何体的尺寸时，应将 3 个方向的尺寸标注齐全，既不能少也不能重复。

常见基本几何体的尺寸及其注法如表 2-11 所示。

表 2-11　　　　　　　　　　　常见基本几何体的尺寸及其注法

分类	名称	立 体 图	三 视 图	备 注
平面立体	四棱柱			左视图可省略

续表

分 类	名 称	立 体 图	三 视 图	备 注
平面 立体	六棱柱		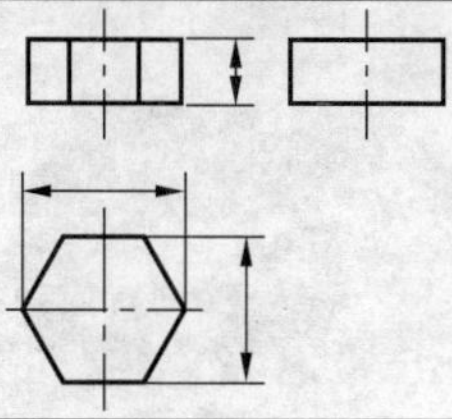	俯视图中两个尺寸只标注其中之一 左视图可省略
	四棱锥	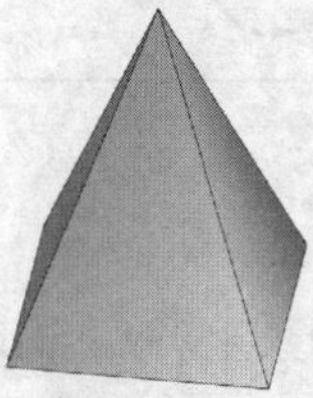	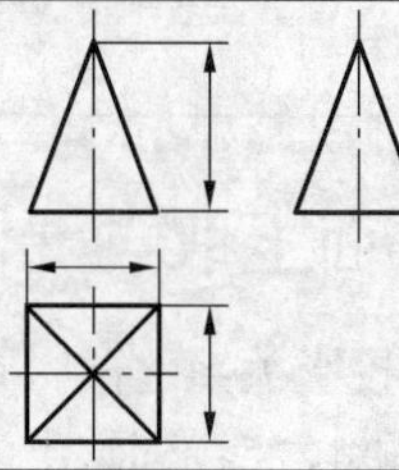	左视图可省略
	四棱台	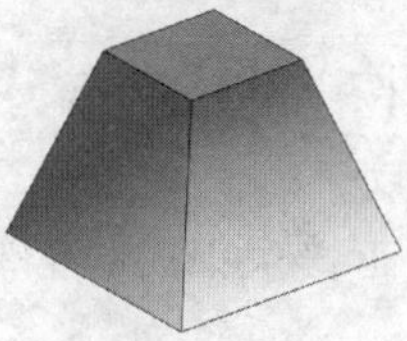	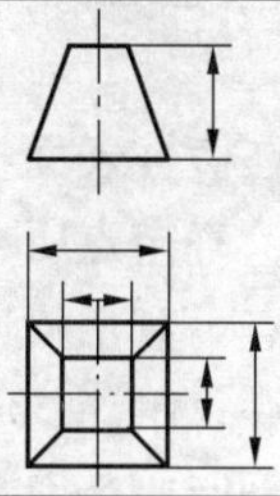	左视图可省略
回转 立体	圆柱		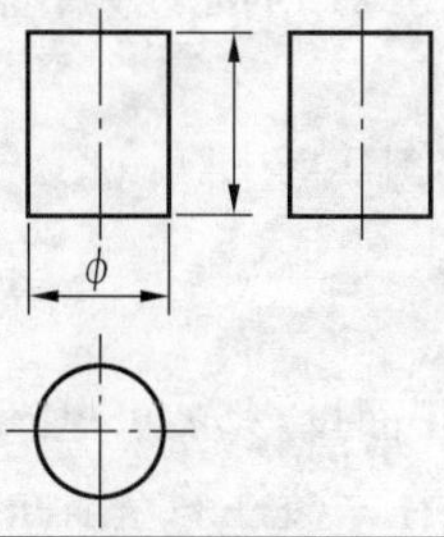	俯视图、左视图可省略
	圆锥	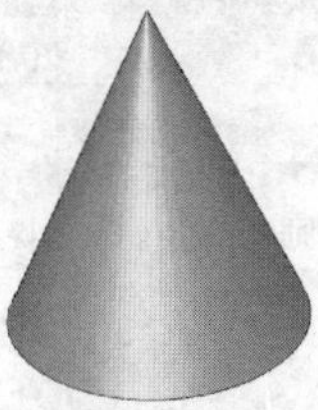	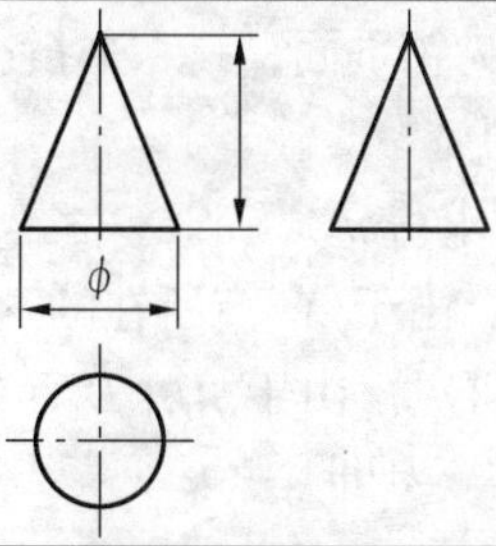	俯视图、左视图可省略
	圆锥台	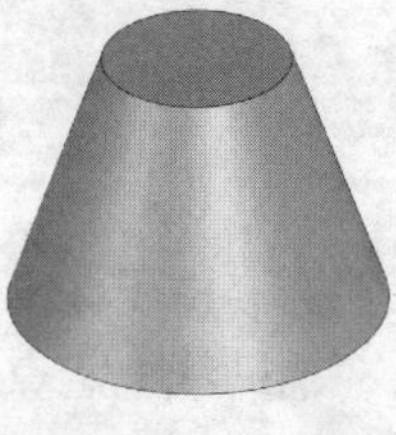	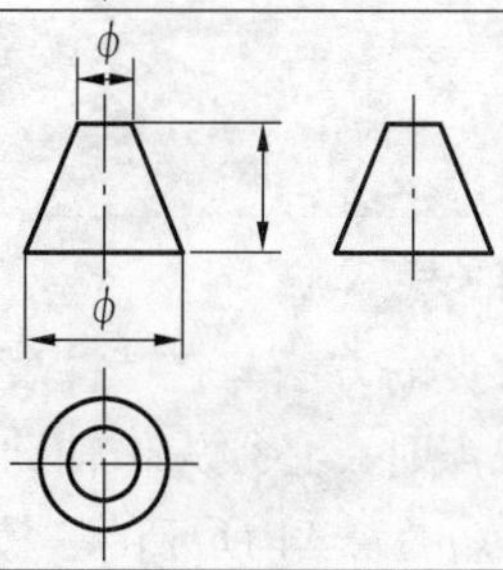	俯视图、左视图可省略

续表

分类	名称	立 体 图	三 视 图	备 注
回转立体	球		$S\phi$	俯视图、左视图可省略

*2.3.4　基本体表面上取点

在确定复杂形体的投影关系之前，首先需要明确其上各点的投影特性。通过对线和面上特殊点的投影分析，能够快速找到解决问题的捷径。

1. 棱柱表面上取点

棱柱的表面均为平面，在棱柱表面上取点通常按以下思路进行。

（1）根据点的已知投影，确定点所在的表面。

（2）在积聚性表面上的点可利用投影的积聚性直接求得该点的其余投影点，一般位置表面上的点则必须通过作辅助线求解。

（3）可见性判断，其判别原则为：若点位于投射方向的可见表面上，则点的投影可见；反之则不可见。

【例 2-10】　已知图 2-43 所示的正六棱柱表面上 M 点的正面投影 m′，求该点的其余两个投影并判断其可见性。

作图步骤如下。

① 由于 M 点的正面投影 m′ 可见，并根据其在主视图中的位置，可知 M 点在六棱柱的左前面 ABCD 上。

② 侧面 ABCD 为铅垂面，其水平投影有积聚性，因此 m 必积聚在 ab(c)(d) 上。

③ 由 m 和 m′可求得 m″。

④ 判断可见性。由于 M 点所在的 ABCD 面的侧面投影可见，所以 m″亦可见。由于 ABCD 面的水平投影有积聚性，所以 m 点积聚在该面的水平投影上，可见性不需要判断。

图 2-43　在正六棱柱表面上取点

 动画演示　　观看"棱柱表面上点的投影分析"动画，直观认识在棱柱表面上确定点的投影的一般方法。

2. 棱锥表面上取点

在棱锥表面上取点的方法与在棱柱表面上取点相同。由于棱锥的侧表面没有积聚性，因此，在棱锥表面上取点时，必须先作辅助线，然后在辅助线上定点。

【例 2-11】　已知图 2-44 所示的三棱锥表面上 M 点的正面投影 m′，求其余两投影并判断可见性。

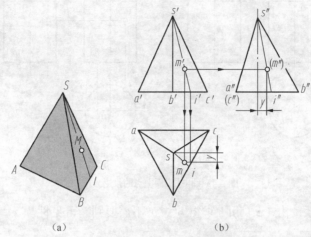

图 2-44　求三棱锥的投影

作图步骤如下。

① 过锥顶 S 和 M 点作辅助线 SI，如图 2-44（a）所示。

② 过 M 点的已知投影 m′作辅助线的正面投影。连接 s′m′并延长，交底边于 i′，s′i′即为辅助线 SI 的正面投影，如图 2-44（b）所示。

③ 求辅助线的其余两投影。按投影关系由 s′i′求得 si，并由 s′i′及 si 求得 s″i″。

④ 在辅助线上定点。按投影关系由 m′点作垂线，在线段 si 上求得 m，再由 m′点作水平线在线段 s″i″上求得 m″（也可按投影关系由 m′及 m 直接求得 m″）。

⑤ 判断可见性。由于平面 SBC 的水平投影可见，所以 m 可见；由于平面 SBC 的侧面投影不可见，所以 m″不可见，m″应写成（m″）。

通过分析可知，按 m′的位置及可见性，可判定 M 点在棱锥的 SBC 侧面上。由于 SBC 面为一般位置平面，因此，求 M 点的其余投影，必须过 S 点在 SBC 平面上作辅助线。

 **动画
演示**　　观看"棱锥表面上点的投影分析"动画，直观认识在棱锥表面上确定点的投影的一般方法。

3. 圆柱表面上取点

在圆柱表面上取点的方法及可见性判断的原则与平面立体的相似。当圆柱轴线垂直于投影面时，可利用投影的积聚性直接求出点的其余投影，不必通过作辅助线求解。

【例 2-12】　已如图 2-45 所示的圆柱面上 A 点的正面投影（a′）及 B 点的水平投影（b），要求作这两点的其余投影，并判断其可见性。

作图步骤如下。

① 根据（a′）的位置并且为不可见，可判定 A 点在左、后部分圆柱面上。

② 圆柱面的俯视图有积聚性，可由（a′）作垂线，在俯视图的圆周上直接求得 a，再由（a′）和 a 按投影关系求得 a″。由于 A 点在左半部分圆柱面上，因此 a″可见。

③ 由（b）的位置不可见，可判定 B 点在圆柱的下底面上，底面的正面投影有积聚性，可由（b）作垂线直接求出 b′。

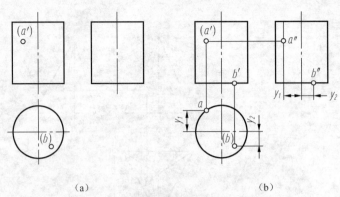

图2-45 圆柱表面上点的投影分析

④ 再按投影关系，由（b）和b'求得b"，b"不需要判断可见性。

 动画演示　　　观看"圆柱表面上点的投影分析"动画，直观认识在圆柱表面上确定点的投影的一般方法。

4. 圆锥表面上取点

由于圆锥表面的投影没有积聚性，因此，在圆锥表面上取点必须先作辅助线（辅助素线或辅助圆），然后在辅助线上定点。圆锥面上点的可见性判断原则与平面立体及圆柱的相同。

【例2-13】　已知图2-46所示的圆锥面上 M 点的正面投影 m'，求其余两投影并判断其可见性。

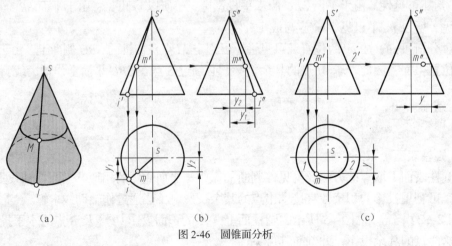

图2-46 圆锥面分析

该例题有以下两种作图方法。

（1）辅助素线法。

① 过锥顶 S 和 M 点作辅助素线 SI，如图2-46（a）、图2-46（b）所示。

② 过 M 点的已知投影 m' 作辅助素线的正面投影。连接 s'm' 并延长，使其与底边相交于 i'，s'i' 即为辅助素线 SI 的正面投影。

③ 求辅助素线的其余两投影。按投影关系，由 s'i' 求得 si，再由 s'i' 及 si 求出 s"i"。

④ 在辅助素线上定点。按投影关系，由 m' 作垂线，在 si 上求得 m，再由 m' 在 $s''i''$ 上求得 m''（也可按投影关系由 m' 及 m 直接求得 m''）。

⑤ 判断可见性。M 点在左前部分锥面上，这部分锥面的水平投影和侧面投影均可见，即 m 及 m'' 可见。

（2）辅助圆法。

① 过 M 点在圆锥面上作垂直于轴线的辅助圆，如图 2-46（a）、图 2-46（c）所示。

② 过 M 点的已知投影 m' 作辅助圆的正面投影。过 m' 作辅助圆的正面投影 $1'2'$（这时辅助圆的投影积聚为一条水平方向的线段，并且垂直于轴线）。

③ 求辅助圆的其余两投影。在俯视图中，以 S 为圆心、$1'2'$ 为直径画圆，得辅助圆的水平投影。按投影关系，延长 $1'2'$ 至侧面投影，得辅助圆的侧面投影。

④ 在辅助圆上定点。按投影关系，由 m' 作垂线与辅助圆的水平投影，相交得 m，再由 m' 和 m 求出 m''。

⑤ 判断可见性的方法与辅助素线法相同。

根据 m' 的位置及可见性，可判定 M 点在左前部分锥面上，应通过在锥面上作辅助线求解。

 动画演示　　观看"圆锥表面上点的投影分析"动画，直观认识在圆锥表面上确定点的投影的一般方法。

5. 圆球表面上取点

球面的 3 个投影均没有积聚性，且在球面上不能作出直线，因此，在球面上取点时应采用平行于投影面的圆作为辅助圆的方法求解。球面上点的可见性判断原则与前面介绍的相同。

【例 2-14】 已知球面上 K 点的水平投影 k，如图 2-47 所示，求 K 点的其余两个投影。

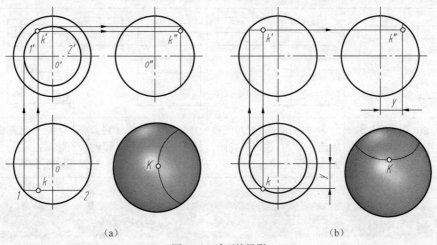

（a）　　　　　　　　　　　　　　（b）

图 2-47　球面的投影

作图步骤如下。

① 过 K 点的已知投影 k 作辅助圆的水平投影。过 k 作水平线 12，12 即为辅助圆的水平投影（因辅助圆平行于 V 面，所以水平投影积聚为一条水平方向的直线）。

② 求辅助圆的其余两投影。以 O' 为圆心、12 为直径画圆，即得辅助圆的正面投影。由投影关系可知，辅助圆的侧面投影为长度等于 12 的铅垂线。

③ 在辅助圆上定点。按投影关系，由 k 作垂线与辅助圆的正面投影相交得 k'，由 k' 作水平线在辅助圆的侧面投影上求得 k''。

④ 判断可见性。由于 K 点在球面的前、左、上部，所以正面投影 k' 及侧面投影 k'' 均可见。

根据 k 的位置及其可见性，可以判定 K 点在球面的前、左、上部，可通过 K 点取平行于 V 面的辅助圆求解。

 观看"圆球表面上点的投影分析"动画，直观认识在圆球表面上确定点的投影的一般方法。

2.4 综合训练

下面通过一个综合实例来帮助读者更深入地了解投影法在绘图中的应用。

【例 2-15】 根据如图 2-48 所示的立体图绘制三视图。

分析：此物体的基础形体是一个长方体，然后在长方体的右面叠加一个侧板，再在长方体的后面叠加一个后板，最后在侧板上切去一角。

作图步骤如表 2-12 所示。

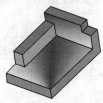

图 2-48 立体图

表 2-12 根据立体图绘制三视图

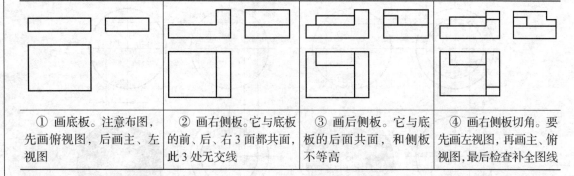

| ① 画底板。注意布图，先画俯视图，后画主、左视图 | ② 画右侧板。它与底板的前、后、右 3 面都共面，此 3 处无交线 | ③ 画后侧板。它与底板的后面共面，和侧板不等高 | ④ 画右侧板切角。要先画左视图，再画主、俯视图，最后检查补全图线 |

本章小结

本章主要内容如表 2-13 所示。

表 2-13 本章主要内容

投 影 基 础	图 例	概 述
投影法和三视图的形成		投影法分为中心投影法和平行投影法两种。在机械制造中主要采用平行投影法中的"正投影法"来绘制机械图样 三视图的形成是应用正投影法原理,从空间 3 个方向观察物体的结果
点、直线、平面的投影		点的投影仍然是点 直线倾斜于投影面,投影变短线;直线平行于投影面,投影反映实长;直线垂直于投影面,投影聚一点 平面平行于投影面,投影反映实行;平面倾斜于投影面,投影面积变;平面垂直于投影面,投影聚成线
基本体的投影		平面立体主要有棱柱和棱锥两种。绘制平面立体图的投影,可归结为绘制它的所有多边形表面的投影 机件中常见的曲面立体是回转体。常见的回转体有圆柱、圆锥、圆球等

思考与练习

（1）投影法分为哪两类？正投影法主要有哪些基本特性？

（2）三视图之间的投影规律是什么？

（3）点的投影与直角坐标系的关系是什么？

（4）试述投影面平行线、投影面垂直线在三面投影体系中的投影特性。

（5）试述投影面平行面、投影面垂直面在三面投影体系中的投影特性。

第3章 轴测投影

当人们看到一张精美的模型飞机照片的时候（见图3-1），不少人都会感叹它的设计、造型。假想放在这里的是一张用于设计的飞机模型三视图，还能够立刻吸引人的眼球吗？一个不懂三视图的人能够根据三视图想象出飞机的立体形状吗？

图 3-1　飞机模型

有没有一种表达方法能够在没有实体照片的情况下，辅助三视图直观地反映物体的形态和构造呢？有，那就是轴测投影图。

【学习目标】
- 掌握轴测图的形成原理及其特性。
- 明确轴测图的类型以及应用范围。
- 掌握正等轴测图的特性及其绘制方法。
- 了解斜二轴测图的特性及其绘制方法。

3.1　轴测投影的基本知识

问题思考　　还记得小时候画过的小房子吗？知道为什么图 3-2（a）所示的小房子比图 3-2（b）和图 3-2（c）所示的小房子看起来更加形象、更加立体吗？假想你是一个观察者，要看到图 3-2 这 3 种不同的情况，你相对房子的观察位置有什么不同？

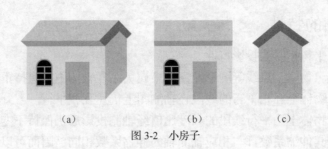

（a）　　　　　　（b）　　　　　　（c）

图 3-2　小房子

3.1.1　轴测图的形成

　　将物体连同其参考直角坐标系，沿不平行于任一坐标面的方向，用平行投影法将其投射在单一投影面上，所得的具有立体感的图形称为轴测投影图，简称轴测图，如图 3-3 所示轴测投影面 P 上所得的图形。

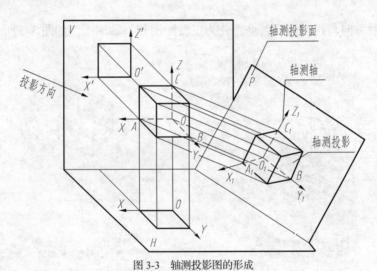

图 3-3　轴测投影图的形成

　　轴测图中各部分的名称及特性如下。

　　（1）投影面 P 称为轴测投影面。

　　（2）直角坐标轴 OX、OY、OZ 在轴测投影面 P 上的投影 O_1X_1、O_1Y_1、O_1Z_1 称为轴测投影轴，简称轴测轴。

　　（3）两轴测轴之间的夹角（$\angle X_1O_1Y_1$、$\angle X_1O_1Z_1$、$\angle Y_1O_1Z_1$）称为轴间角。

　　（4）轴测轴上的单位长度与相应坐标轴上的单位长度的比值，称为轴向伸缩系数。

- X 轴的轴向伸缩系数：$p=O_1A_1/OA$
- Y 轴的轴向伸缩系数：$q=O_1B_1/OB$
- Z 轴的轴向伸缩系数：$r=O_1C_1/OC$

动画演示

观看"轴测图的形成原理"动画，直观认识轴测图的形成原理。

3.1.2　轴测图的特性

轴测投影具有平行投影的投影特性。

（1）属性不变。物体上点线等图形元素的隶属关系在轴测图上保持不变。

（2）平行性。物体上互相平行的线段在轴测图上仍然互相平行。

（3）定比性。物体上两平行线段的长度比值经轴测投影后仍保持不变，所以，与直角坐标轴平行的线段，其伸缩系数都与相应轴测轴的伸缩系数相同，因而可以测量，轴测图也因此而得名。

（4）类似性。物体上平行于轴测投影面的平面，其轴测投影与原平面形状类似。

3.1.3　轴测图的分类

轴测图的分类方式较多，常用分类方式有按投射方向与投影面是否垂直分类和按轴向伸缩系数分类。

（1）按投射方向与投影面是否垂直分为正轴测图和斜轴测图，如图 3-4 所示。

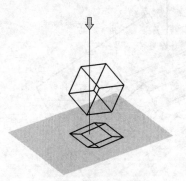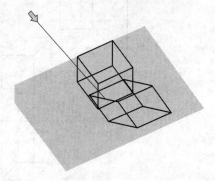

投影方向与轴测投影面　　　　　　投影方向与轴测投影面
垂直，称为正轴测图　　　　　　　倾斜，称为斜轴测图

图 3-4　投影方向和轴测投影面的关系

（2）按轴向伸缩系数的不同情况分为等测、二测及三测，如图 3-5 所示。

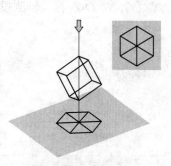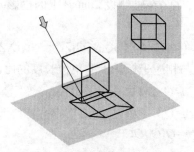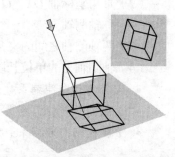

p、q、r 3 个轴向伸缩系　　p、q、r 3 个轴向伸缩系数中　　p、q、r 3 个轴向伸缩系数
数都相等，称为等测　　　　的两个相等，称为二测　　　　各不相等，称为三测

图 3-5　3 种不同轴向伸缩系数的效果

要点提示

（1）实际生产中通常将以上两种分类方式结合起来，常用的轴测图有正等轴测图和斜二轴测图，如图 3-6 所示。

（2）为方便记忆，给出轴测图的分类树，如图 3-7 所示。

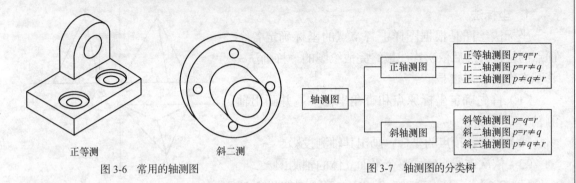

正等测　　　　　斜二测

图 3-6　常用的轴测图　　　　　　　　　图 3-7　轴测图的分类树

3.2　正等轴测图

问题思考

正等轴测图作为最常用的轴测图之一，它具有哪些特性呢？相对其他轴测图，正等轴测图在绘制方面又有哪些优势呢？

3.2.1　正等轴测图的原理

投射方向垂直于轴测投影面，将物体放斜，使 3 个坐标轴和轴测投影面成相同的夹角（约为 35.26°），3 个坐标面都倾斜，这样所得的投影图称为正等轴测投影图，如图 3-8 所示。

正等轴测图中 Z_1 轴画成铅垂方向，3 个轴间角均为 120°；轴向伸缩系数 $p=q=r\approx0.82$，如图 3-9 所示。

为作图方便，通常采用简化的轴向伸缩系数 $p=q=r=1$，即作图时与轴测图平行的线段按实际长度直接量取，此时正等测图比原投影放大了 $1/0.82\approx1.22$ 倍。

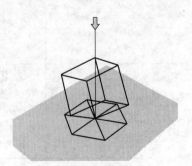

图 3-8　正等轴测三维演示

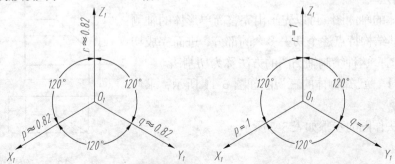

图 3-9　正等测图的轴向伸缩系数和轴间角

3.2.2　正等轴测图的画法

画轴测图的基本方法是坐标法，另外，根据物体的具体结构还会用到切割法和叠加法。在实际绘图中，这 3 种方法通常综合起来应用。

1. 坐标法

坐标法绘图是根据图样中各个点的坐标确定各个顶点的位置，然后依次连线最终完成绘图的一种画法，其基本作图步骤如下。

（1）首先确定坐标原点和直角坐标轴，并画出轴测轴。

（2）根据各顶点的坐标，画出其轴测投影。

（3）依次连线，完成整个平面立体的轴测图。

【例 3-1】　已知三棱锥 $SABC$ 的三视图如图 3-10 所示，求作正等轴测图。

用坐标法作图的步骤如表 3-1 所示。

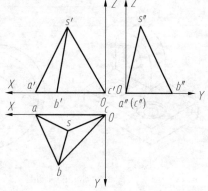

图 3-10　三棱锥的三视图

表 3-1		用坐标法作正等轴测图	
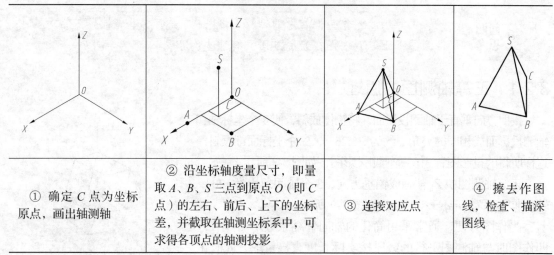			
① 确定 C 点为坐标原点，画出轴测轴	② 沿坐标轴度量尺寸，即量取 A、B、S 三点到原点 O（即 C 点）的左右、前后、上下的坐标差，并截取在轴测坐标系中，可求得各顶点的轴测投影	③ 连接对应点	④ 擦去作图线，检查、描深图线

2. 切割法

画切割体的轴测图，可以先画出完整简单形体的轴测图，然后按其结构特点逐个切去多余的部分，进而完成切割体的轴测图，这种绘制轴测图的方法称为切割法。

【例 3-2】　已知物体的三视图如图 3-11 所示，求作正等轴测图。

用切割法作图的步骤如表 3-2 所示。

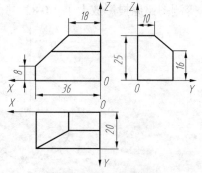

图 3-11　物体的三视图

表 3-2	用切割法作正等轴测图		
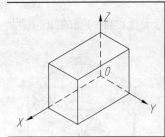	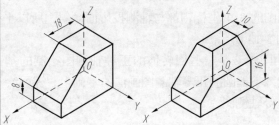		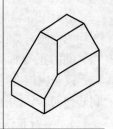
① 在视图上确定坐标原点 O 并画轴测轴，作出长方体的轴测投影	② 切割长方体		③ 清理、检查、加深图线

3. 叠加法

画叠加体的轴测图，可先将物体分解成若干个简单的形体，然后按其相对位置逐个画出各简单形体的轴测图，进而完成整体的轴测图，这种方法称为叠加法。

【例 3-3】 已知物体的三视图如图 3-12 所示，求作正等轴测图。

分析：此物体为多个简单几何体的叠加，用叠加法绘制正等轴测图较为方便，作图的步骤如表 3-3 所示。

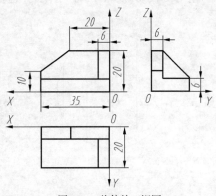

图 3-12 物体的三视图

表 3-3	用叠加法作正等轴测图		
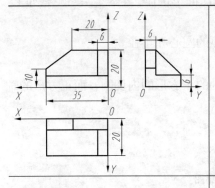	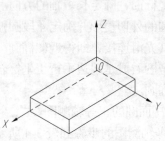	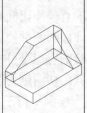	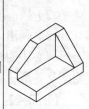
① 形状分析。此叠加体可分为底板、立板和侧板 3 部分	② 确定坐标系。在投影图上确定原点 O，并画出轴测轴，以轴测轴为基准先画出底板的轴测图	③ 在底板上定出立板，接着作出侧板的轴测图	④ 判断哪些是共面及不可见的线，然后清理、检查、加深图线，完成轴测图

 观看"正等轴测图的画法"系列动画，直观认识正等轴测图的画法。

3.2.3 圆的正等轴测图画法

由于正等轴测图的 3 个坐标轴都与轴测投影面倾斜，所以平行于投影面的圆的正等轴测图均为椭圆，如图 3-13 所示。

圆的正等轴测图画法是一些回转体的正等轴测图绘制的基础，读者应该在熟练掌握圆的正等轴测图画法的基础上，练习绘制其他回转体的正等轴测图。

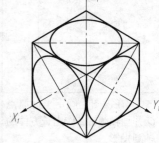

图 3-13　圆的正等测图

1. 平行弦法

平行弦法就是在平行于坐标轴的若干条平行弦上选一系列点，用坐标法作出这些点的正等测投影，然后光滑连接，即得圆的正等测投影，如图 3-14 所示。这种画法准确，但比较烦琐。

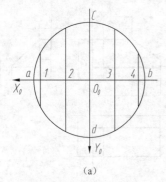

(a)

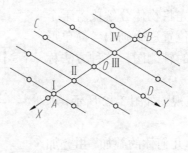

(b)

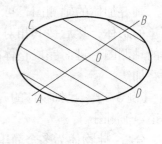

(c)

图 3-14　平行弦法画圆的正等轴测图

2. 四心画法

实际生产应用中常采用四心画法近似画椭圆，这种画法简单快捷，其基本绘图步骤如下。

（1）根据该圆所平行的坐标面，确定长短轴的方向。

（2）按圆的直径作出椭圆的外切菱形并确定 4 段圆弧的圆心和半径。

（3）画出 4 段圆弧并使其光滑连接，即得近似椭圆。

四心法的绘图思想是可把圆看成是四边平行于坐标轴的正方形的内切圆，而正方形的轴测图是菱形，其内切圆则为椭圆。

【例 3-4】　绘制平行于 H 面圆的正等轴测图。

绘制平行于 H 面圆的正等轴测图的步骤如表 3-4 所示。

表 3-4　　　　　　　　　　绘制平行于 H 面圆的正等轴测图

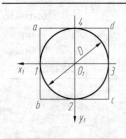	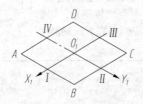	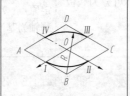	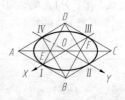

续表

| ① 确定坐标轴并作圆的外切正方形 abcd | ② 作轴测轴 O_1X_1、O_1Y_1，并截取 $O_1I = O_1III = O_1II = O_1IV = D/2$，得交点 I、II、III、IV，过这些点分别作 X 轴、Y 轴的平行线，得辅助菱形 ABCD | ③ 分别以 B、D 为圆心，以 BIII 为半径作弧 $\overset{\frown}{III\,IV}$ 和 $\overset{\frown}{I\,II}$ | ④ 连接 BIII 和 BIV，交 AC 于点 F、E，分别以点 E、F 为圆心、EIV 为半径作弧 $\overset{\frown}{I\,IV}$ 和 $\overset{\frown}{II\,III}$，即得由 4 段圆弧组成的近似椭圆 |

 动画演示 观看"圆的正等轴测图画法"系列动画，直观认识圆的正等轴测图画法。

3.3 斜二轴测图

 问题思考 斜二轴测图作为最常用的轴测图之一，它具有哪些特性呢？相对其他轴测图，在绘制方面又有哪些优势呢？

3.3.1 斜二轴测图的原理

轴测投影面平行于一个坐标平面，投射方向倾斜于轴测投影面时得到的轴测图，简称斜二轴测图，如图 3-15 所示。

根据平行投影特性，X_1OZ_1 面上的图形在轴测投影面中反映实形，因此，轴间角仍保持原有的 90°，X 轴、Z 轴的轴向变形系数为 1，而 Y 轴斜投影后的长度约为原长的 0.47 倍。为方便作图，轴向变形系数取 0.5，轴间角及轴向变形系数的规定如图 3-16 所示。

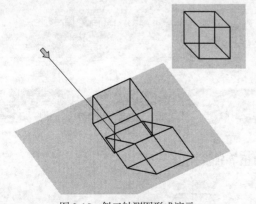

图 3-15 斜二轴测图形成演示

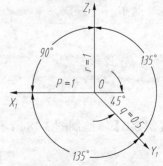

图 3-16 轴间角及轴向变形系数

3.3.2 圆的斜二轴测图画法

图 3-17 所示为平行于 3 个坐标面且直径相等的圆的斜二轴测图。由图可知，平行于 $X_1O_1Z_1$

坐标面的圆的斜二轴测图反映实形，平行于 XOY 和 YOZ 坐标面的圆的斜二轴测图是椭圆，这两个椭圆形状相同，但长短轴方向不同，作图时可用平行弦法。

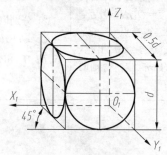

图 3-17　圆的斜二轴测图

【例 3-5】　用平行弦法绘制平行于坐标面 $X_1O_1Y_1$ 面的圆的斜二轴测图。

用平行弦法绘制圆的斜二轴测图的步骤如表 3-5 所示。

表 3-5　　　　　　　　　　　　用平行弦法绘制圆的斜二轴测图

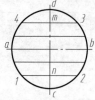	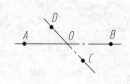	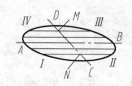
① 将视图上圆的直径 cd 6 等分，并过其等分点作平行于 ab 的弦	② 画圆中心线的轴测图，并量取 $OA=OB=cd/2$，$OC=OD=cd/4$，得到 A、B、C、D 4 个点	③ 将 CD 六等分，过各等分点作平行于 AB 的线段，并量取相应弦的实长，将 A、B、C、D 及中间点依次光滑连成椭圆

根据计算，$X_1O_1Y_1$ 和 $Y_1O_1Z_1$ 坐标面上的椭圆长轴 $= 1.06d$。短轴 $= 0.33d$，其中，d 为圆的实际直径。椭圆长轴分别与 X_1 或 Z_1 轴倾斜 7°左右。

 动画演示　　观看"斜二轴测图的画法"动画，直观认识斜二轴测图的画法。

3.4　综合实例

【例 3-6】　绘制图 3-18 所示正六棱柱的正等轴测图。

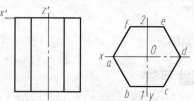

图 3-18　正六棱柱的正等轴测图

绘制正六棱柱的正等轴测图的步骤如表 3-6 所示。

表 3-6 绘制正六棱柱的正等轴测图

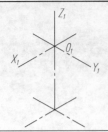	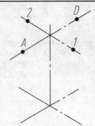	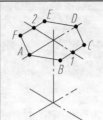	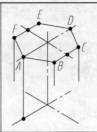	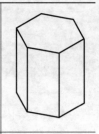
① 建立坐标系。画轴测轴,将顶面中心取在坐标原点 O_1,取顶面对称中心线为轴测轴 O_1X_1、O_1Y_1	② 顶面取点。在 O_1X_1 上截取六边形对角线长度,得 A、D 两点,在 O_1Y_1 轴上截取 1、2 两点	③ 分别过两点 1、2 作平行线 $BC/\!/EF$ $/\!/O_1X_1$ 轴,使 $BC=$ $EF=$ 六边形的边长,连接 A、B、C、D、E、F 各点,得六棱柱顶面的正等测图	④ 画底面轴测图。过顶面的各顶点向下作平行于 O_1Z_1 轴的各条棱线,使其长度等于六棱柱的高	⑤ 完成轴测图。画出底面,去掉多余线,加深图线,整理后得到六棱柱的正等测图

【例 3-7】 绘制图 3-19 所示物体的正等轴测图。

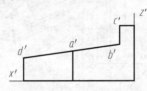

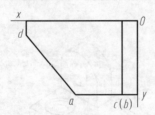

图 3-19 绘制物体的正等轴测图

绘制正等轴测图的步骤如表 3-7 所示。

表 3-7 绘制正等轴测图

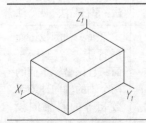	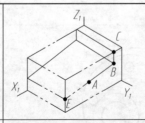	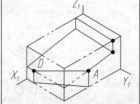	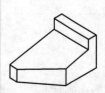
① 选定坐标原点并画轴测轴,画出完整的长方体	② 根据 A、B、C、D 各点的坐标值,确定轴测图中 A、B、C 的位置,挖切左上方长方体	③ 根据 A、D 两点的坐标值,确定 A、D 位置,并过 A、D 作底面的垂线,挖切左下三角	④ 去掉多余的线,加深图线,整理后得到正等测图

本章小结

 观看"综合案例——绘制轴测图"动画，直观认识绘制轴测图的方法。

本章小结

本章主要内容如表3-8所示。

表 3-8　　　　　　　　　　　　　　本章主要内容

名　　称	图　　形	介　　绍
轴测投影基本知识		轴测图的形成 轴测图的特性 轴测图的分类
正等轴测图		原理：投射方向 S 垂直于轴测投影面 P，将物体放斜，使3个坐标轴和 P 面成相同的夹角，3 坐标面都倾斜。这样所得的投影图称为正等轴测投影图 画法：坐标法、切割法、叠加法 圆的正等轴测图画法：平行弦法、四心法
斜二轴测图		原理：轴测投影面平行于一个坐标平面，且该坐标平面的两个轴的轴向伸缩系数相等的斜轴测投影，简称斜二测 圆的斜二轴测图画法：平行弦法

思考与练习

（1）分析轴测图的优点与不足。

（2）简述轴测图的形成、轴间角和轴向伸缩系数的概念。

（3）简述轴测图的投影特性以及分类。

（4）正等测图的画法分为哪 3 种？

（5）正等测图的轴间角相等，均为多少？3 个轴向伸缩系数均为多少？为了方便画图将其简化为多少？

（6）斜二测图的 Y 轴斜投影后，其长度缩短约为原长的多少？为方便计算，一般取什么值？

第4章 组合体

人们在生活中常会看到如图 4-1 所示的石柱和交通岗亭，它们有什么特点？再观察图 4-2，想想图 4-2（a）所示基本体和图 4-2（b）所示模型之间存在着什么关系？

（a）石柱　　　　　　　　　　　　（b）交通岗亭

图 4-1　生活中的常见结构

（a）　　　　　　　　　　　　（b）

图 4-2　基本体和组合体

【学习目标】

- 掌握组合体的组合方式。
- 学会根据轴测图画组合体的三视图。
- 学会正确、完整、清晰地标注组合体的尺寸。
- 学会用形体分析法并辅以线面分析法读懂组合体视图。
- 掌握由组合体的两个视图画出第三视图以及补全缺线的方法。

4.1　认识组合体

问题思考　　观察图 4-3，想一想，一个几何体与另一几何体相加得到什么结果？一个几何体与另一个几何体相减又得到什么结果呢？

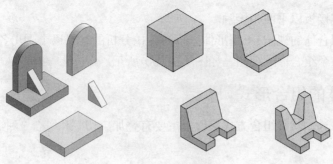

图 4-3 形体组合

由若干基本形体经过叠加、切割、开槽、穿孔等方式组合的形体称为组合体。图 4-4 所示为两个典型的组合体。

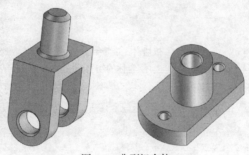

图 4-4 典型组合体

4.1.1 组合体的形体分析方法

将复杂的组合体分解成若干简单形体进行分析的方法，称为形体分析法。应用形体分析法是组合体画图、读图和尺寸标注最基本的方法。

图 4-5（a）所示的连杆是一种常用的机械零件，下面来分析其组合方式及特点。

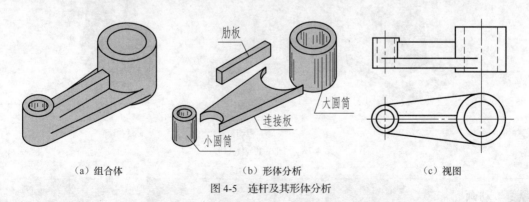

（a）组合体　　　　　（b）形体分析　　　　　（c）视图

图 4-5 连杆及其形体分析

该连杆可分解为大、小两个圆筒，一个肋板和一个连接板，如图 4-5（b）所示。组合体的特点如下。

（1）连接板的前、后表面和大、小圆筒的外表面相切。

（2）肋板的前、后表面和大、小圆筒相交。

（3）肋板和连接板以平面相接触。

若要画出该组合体的视图，可用形体分析法并按分析的结果逐个画出各组成部分的视图，综合起来即得到整个组合体的视图，如图4-5（c）所示。

4.1.2 组合体的组合形式

组合体形态各异，就其组合方式来说，主要有叠加、切割和综合3种，如图4-6所示。

 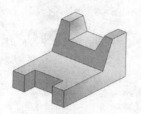 

（a）叠加后的组合体　　　（b）被切割后的组合体　　　（c）综合型组合体

图4-6　组合体的组合形式

 观看"组合体的组合形式"动画，直观认识组合体的组合形式。

1. 叠加式组合体

由基本几何体叠加而成的组合体称为叠加式组合体。图4-6（a）所示的图形可以看成是由一个圆柱体和一个六棱柱组合而成的。

叠加式组合体按照形体表面接触方式的不同，可分为相接、相切和相贯3种叠加方式，如图4-7所示。

（a）相接　　　　　　　（b）相切　　　　　　　（c）相贯

图4-7　叠加式组合体的形式

 观看"组合体表面间的连接关系"动画，直观认识组合体表面间的连接关系。

（1）相接方式。两形体以平面相互接触的组合方式称为相接方式，如图4-7（a）所示。相接方式的分界线为线段或平面曲线，只要知道它们所在的平面位置，就可以画出其投影。

【例 4-1】　分析图 4-8（a）所示支座的组合特点。

① 形体分析。

- 该支座可以看成是由一块长方形的"底板"和一个呈半圆形的"座体"组成的，如图 4-8（b）所示。
- 座体底面放在底板顶面上，两形体的结合处为平面，如图 4-8（c）所示。
- 该支座可看成是平面相接的叠加式组合体。

② 视图分析。两个形体按它们的相对位置，根据"长对正"、"高平齐"、"宽相等"的投影对应关系画在一起，就成为图 4-8（a）所示的三视图。

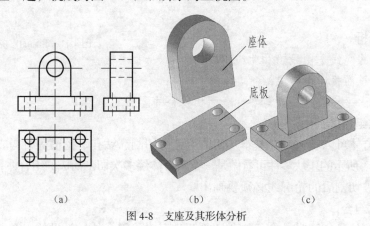

（a）　　　　　　　　　（b）　　　　　　　　（c）

图 4-8　支座及其形体分析

图 4-8 所示的座体与底板由于相互位置在宽度方向上不平齐，故在主视图上可以看到两者中间被线隔开。又由于它们在长度方向上左端面不平齐，所以在左视图上也可以看到两者中间被线隔开。

图 4-9 所示的另一支座，由于在宽度方向上平齐，前面构成了一个平面，所以在主视图上两者中间就没有线。

（2）相切方式。两形体在相交处相切的组合方式称为相切方式。相切方式的形体之间过渡平滑自然，如图 4-7（b）所示。

【例 4-2】　分析图 4-10 所示套筒的组合特点。

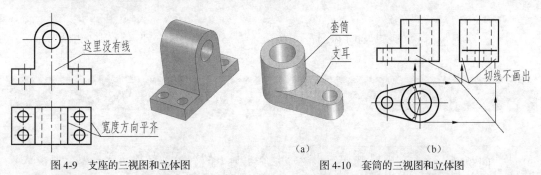

图 4-9　支座的三视图和立体图　　　　　　图 4-10　套筒的三视图和立体图

① 形体分析。可以把套筒看成是由支耳与圆筒两部分相切叠加而成的。

② 视图分析。

- 由于两形体相切，在相切处光滑过渡，两者之间没有分界线，所以相切处不画切线。

- 从主视图和左视图看，支耳只根据俯视图上切点的位置而画到相切位置，但不画出切线。

（3）相贯方式。两形体的表面彼此相交的组合方式称为相贯方式，如图4-7（c）所示。

在相交处的交线叫相贯线。由于形体不同，相交的位置不同，就会产生不同的交线。这些交线有的是直线，有的是曲线。一般情况下，相贯线的投影可以通过表面取点法或辅助平面法画出。

【例4-3】 分析图4-11所示套筒的组合特点。

① 形体分析。可以把套筒看成是由支耳与圆筒叠加而成。

② 视图分析。

- 两形体的交线是由线段和曲线组成的。
- 交线的正面投影是线段。
- 交线的水平投影是一段与圆柱表面相重合的圆弧。

（a）　　　　　　（b）

图4-11 套筒的三视图和立体图

2. 切割式组合体

切割式组合体可以看成是在基本几何体上进行切割、钻孔、挖槽等所构成的形体。

图4-12（a）所示的压块零件可看做是一个长方体经多次切割而成的组合体，如图4-12（b）所示。绘图时被切割后的轮廓线必须要画出。

3. 综合式组合体

综合式组合体是指同时具有叠加和切割两种形式的组合体。常见的组合体大都是通过综合形式组成的。图4-13所示的零件就是通过各种叠加和切割式组合而成的复合组合体。

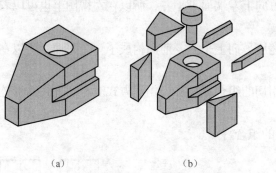

（a）　　　　　　　　　（b）

图4-12 压块及其形体分析

图4-13 复合组合体

4.2　截切体和相贯体

问题思考

图4-14所示为用不同位置平面去切一个圆柱体，获得的截面形状有什么不同？截面边界曲线又有什么不同？

图4-15所示的两个零件相交，其表面交线是什么形状？在视图中怎么表示？

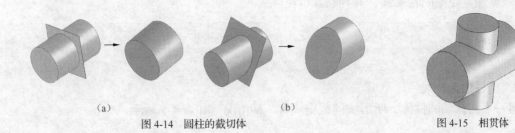

（a）　　　　　　　　　　　　（b）

图 4-14　圆柱的截切体

图 4-15　相贯体

4.2.1　截切体

用来截切几何体的平面称为截平面，几何体被截切后的部分称为截切体，截平面截切几何体所形成的交线称为截交线，如图 4-16 所示。

1. 六棱柱的截交线

六棱柱的截交线是封闭的多边形，多边形的顶点为六棱柱的棱边与截平面的交点，将这些交点依次连接即得六棱柱的截交线。

图 4-16　截切体

【例 4-4】　如图 4-17（a）所示，已知六棱柱被平面斜切后的主、俯视图，求其左视图。

（1）分析。

① 六棱柱被正垂面斜切，截交线为六边形，其 6 个顶点为 6 条棱边与截平面的交点。

② 六边形的正面投影与截平面的正面投影重合，水平投影则重合于六棱柱俯视图。

（2）作图。

① 作出完整棱柱的左视图，如图 4-17（b）所示。

② 作出截交线的侧面投影。

首先找出截交线 6 个顶点的水平投影 1、2、3、4、5、6 及其正面投影 1′、2′、3′、4′、5′、6′，然后按照投影规律分别求出各点的侧面投影 1″、2″、3″、4″、5″、6″，最后依次连接各点的侧面投影即得截交线的侧面投影，如图 4-17（b）所示。

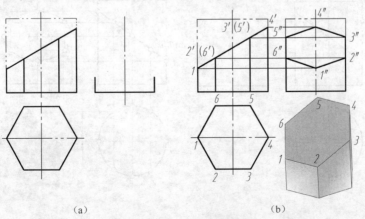

（a）　　　　　　　　　　　　（b）

图 4-17　求作斜切六棱柱的左视图

③ 整理左视图的轮廓线，并判断其可见性。

 动画演示　　观看"六棱柱截交线"动画，直观认识六棱柱截交线的画法。

2. 圆柱的截交线

用一平面截切圆柱体，所形成的截交线有 3 种情况，如表 4-1 所示。

表 4-1　　　　　　　　　　　　　圆柱的截交线

截平面的位置	平行于轴线	垂直于轴线	倾斜于轴线
立体图			
投影图			
截交线的形状	矩形	圆	椭圆

 动画演示　　观看"平面截切圆柱后的截交线"动画，直观认识圆柱被平面截切后的截交线的种类。

【例 4-5】 已知圆柱体被正垂面斜切后的主、俯视图如图 4-18（a）所示，求其左视图。

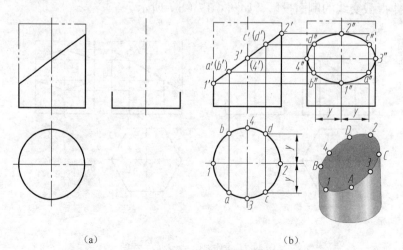

（a）　　　　　　　　　　　　　　　　（b）

图 4-18　求作斜切圆柱的左视图

（1）分析。

① 圆柱被正垂面斜切，截交线为椭圆。

② 其正面投影与截平面的正面投影重合，为线段；其水平投影重合于圆柱的俯视图上，为圆。

（2）作图。

① 画出完整圆柱的左视图。

② 画出截交线的侧面投影。

- 求特殊点：在图 4-18（b）中，Ⅰ、Ⅱ、Ⅲ、Ⅳ为圆柱轮廓素线上的点。其中，Ⅰ、Ⅱ 既是最低点、最高点也是最左点、最右点，Ⅲ、Ⅳ分别是最前点、最后点。由它们的水平投影 1、2、3、4 和正面投影 1′、2′、3′、4′，按照投影规则即可求出各点的侧面投影 1″、2″、3″、4″。

- 求一般点：为使作图准确，应在特殊点之间定若干一般点。在图 4-18（b）中任取 A、B、C、D 4 点，作图时，先在截交线已知的正面投影上找出水平投影 a、b、c、d 4 点对应的正面投影 a′、b′、c′、d′，然后按照投影关系作出 a″、b″、c″、d″。

③ 按截交线水平投影的顺序，依次光滑连接各点的侧面投影，即得截交线的侧面投影——椭圆。

④ 整理左视图的轮廓线，并判断可见性。

【例 4-6】　如图 4-19（a）所示，已知圆柱的主视图、俯视图，作其左视图。

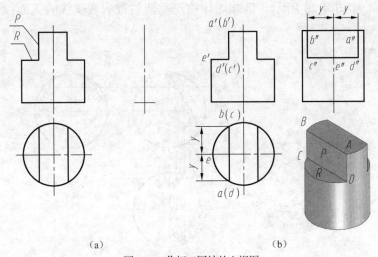

（a）　　　　　　　　　（b）

图 4-19　作切口圆柱的左视图

（1）分析。

① 如图 4-19（b）所示，圆柱被侧平面 P 和水平面 R 左、右对称地切去两部分。

② 侧平面 P 与圆柱面的截交线为平行于圆柱轴线的线段。

③ 水平面 R 与圆柱面的截交线为圆弧。

④ 截交线的正面投影和水平投影为已知，需求其侧面投影。

（2）作图。

① 作平面 *P* 的交线。

- 如图 4-19（b）所示，平面 *P* 与圆柱面的截交线为铅垂线 *AD*、*BC*，与平面 *R* 的截交线为正垂线 *CD*，与圆柱顶面的交线为正垂线 *AB*，由它们组成的矩形 *ABCD* 为侧平面。

- 由矩形 *ABCD* 的正面投影 $a'(b')(c')d'$ 及水平投影 $ab(c)(d)$，求其侧面投影 $a''b''c''d''$。其中，线段 $a''b''$ 和 $c''d''$ 之间的宽度可从俯视图中量取。

② 作平面 *R* 的交线。如图 4-19（b）所示，平面 *R* 与圆柱面的截交线为圆弧，它与正垂线 *CD* 形成一个水平面。其正面投影积聚成线段 $(c')e'd'$，水平投影反映该面实形，侧面投影积聚成线段 $c''e''d''$。

③ 整理左视图的轮廓线，并判断可见性。

形成切口时，截平面没有通过圆柱轴线，因此，圆柱左视方向轮廓线的侧面投影仍应完整画出，并且线段 $c''e''d''$ 也不应与圆柱轮廓线的投影相交，左视图中的图线均可见。

 观看"绘制圆柱被平面截切后的截交线"动画，直观认识平面截切圆柱后的截交线的画法。

3. 球体的截交线

任何位置的截平面截球体时，其截交线都是圆。

当截平面平行于某一投影面时，截交线在该投影面上的投影为圆的实形，在其他两投影面上的投影都积聚为线段。当截平面处于其他位置时，则在截交线的 3 个投影中必有椭圆。

【例 4-7】 如图 4-20 所示，已知球体被正垂面斜截后截交线的正面投影，求其余两投影。

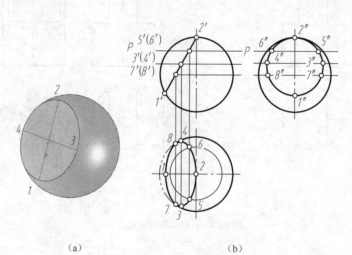

（a）   （b）

图 4-20 球体的截交线

（1）分析。

① 球体被正垂面所截，其截交线为圆。

② 该圆的正面投影积聚为线段，并反映直径的实长。

③ 截交线的水平投影及侧面投影不反映实形，都为椭圆，如图 4-20（b）所示。

（2）作图。

① 求出特殊位置点。

- 长轴的水平投影为 34，长轴的侧面投影为 3″4″，其长度等于截交线圆的直径。
- 短轴 1′2′的水平投影 12 和短轴的侧面投影 1″2″，可根据正面投影 1′、2′求出。

② 求出球面水平投影轮廓线上的点。由 7′（8′）求出 7、8 和 7″、8″。

③ 利用辅助平面法求出一般位置点。作辅助平面 P，由正面投影点 5′、（6′）求出 5、6 和 5″、6″。

④ 将各点的相应投影依次光滑连接，即得截交线的水平投影和侧面投影。

 动画演示 　　观看"绘制球被平面截切后的截交线"动画，直观认识绘制球被平面截切后的截交线的画法。

*4.2.2　相贯体

观察三通管，如图 4-21（a）所示，分析两个圆柱交线的形状，理解相贯线的概念。

两个基本体相交称为相贯，得到的几何结构叫做相贯体，其相贯表面的交线称为相贯线，如图 4-21（b）所示。

相贯线

（a）模型图　　　　　　　　（b）零件表面的相贯线

图 4-21　三通管

1．画相贯线的方法

相贯线是两相交基本体表面的共有线，是一系列共有点的集合。因此，求相贯线的投影就是求相贯线上一系列共有点的投影，并用光滑曲线依次连接各点。

【例 4-8】　求图 4-22 所示正交两圆柱的相贯线。

（1）分析。

① 小圆柱轴线为铅垂线，所以小圆柱的水平面积聚成圆，相贯线的水平投影也重合在这个圆上。

② 大圆柱的轴线为侧垂线，所以大圆柱面的侧面投影积聚成圆，相贯线的侧面投影为重合于该圆上的一段圆弧（在小圆柱投影范围内的一段）。

③ 已知相贯线的水平投影和侧面投影，即可按投影关系求其正面投影。

（2）作图。

① 求特殊点。

- 如图 4-22（b）所示，Ⅰ、Ⅱ点是相贯线上的最左点、最右点，位于两圆柱主视方向轮廓素线的交点上。

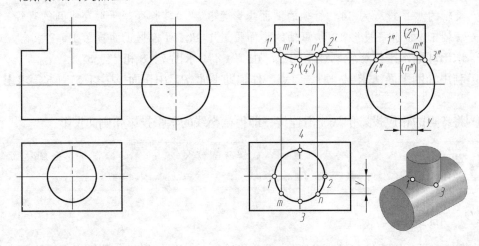

（a）　　　　　　　　　　　　（b）

图 4-22　作正交两圆柱的相贯线

- Ⅲ、Ⅳ点是相贯线上的最前点、最后点，也是最低点，位于小圆柱左视方向的轮廓素线上。
- 根据它们的水平投影 1、2、3、4 和侧面投影 1″、（2″）、3″、4″，可求得其正面投影 1′、2′、3′、（4′）。

② 求一般点。

- 任取 M、N 两点。
- 在相贯线已知的水平投影上定出两点的水平投影 m、n。
- 再求得侧面投影 m″、n″。
- 最后按投影关系求得其正面投影 m′、n′。

③ 光滑连接各点并判断可见性。将主视图上求得的点依次光滑连接，即可得所求相贯线的正面投影。由于两圆柱正交时的相贯线前后、左右对称，因此，主视图中前半部分相贯线的投影为可见，后半部分相贯线不可见，且其投影与前半部分重合。

 问题思考　　两圆柱的相交方式还有其他形式，想一想，具体包括哪些形式？它们的相贯线又应该怎样绘制？答案如图 4-23 所示。

2. 相贯线的简化画法

工程设计中，在不引起误解的情况下，相贯线可以采用以下简化画法。

（1）当正交的两个圆柱直径相差较大时，其相贯线投影可以用圆弧近似代替，如图 4-24（a）所示。当两圆柱直径相差很大时，相贯线投影可用直线代替，如图 4-24（b）所示。

（2）三通管上相贯线的投影可用大圆柱半径 $D/2$ 和大圆孔半径 $D_1/2$ 作圆弧代替，如图 4-25 所示。

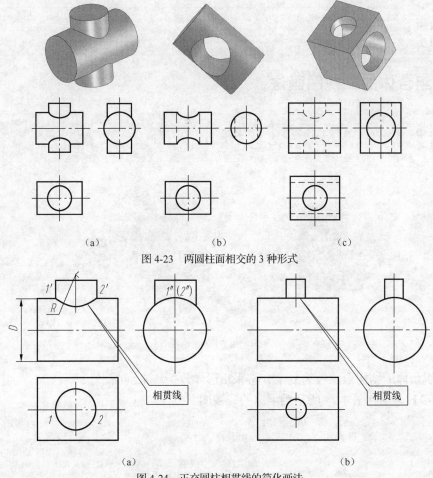

（a）　　　　　　　　（b）　　　　　　　　（c）

图 4-23　两圆柱面相交的 3 种形式

图 4-24　正交圆柱相贯线的简化画法

3. 同轴回转体相贯

同轴回转体由同轴线的两个回转体相贯形成，其相贯线是垂直于回转体轴线的圆。当其轴线平行于投影面时，圆在该投影面上的投影为垂直于轴线的直线，如图 4-26 所示。

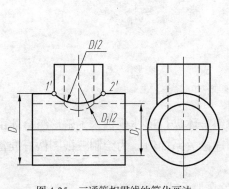

图 4-25　三通管相贯线的简化画法

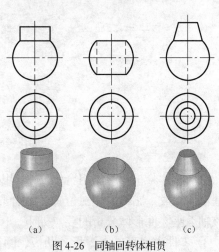

（a）　　　　（b）　　　　（c）

图 4-26　同轴回转体相贯

动画演示 观看"相贯线的简化画法"动画,直观认识相贯线的简化画法。

4.2.3 组合体的三视图画法

问题思考 组合体视图应能完整、清晰地表达物体各方面的形状,且易于看懂。图 4-27 所示的组合体在机械图样中应该怎样表达,才能达到这样的要求呢?

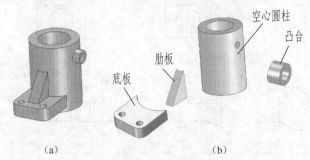

图 4-27 组合体的形体分析

由于组合体的结构形状较为复杂,常采用形体分析法来画图。

【例 4-9】 绘制图 4-28 所示轴承座的三视图。

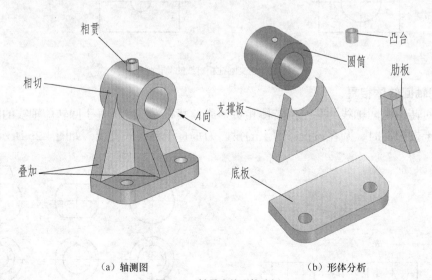

(a)轴测图　　　　　(b)形体分析

图 4-28 轴承座的形体分析

(1)形体分析。绘制组合体三视图以前,应对组合体进行形体分析,了解该组合体由哪些基本体组成,它们的相对位置、组合形式、表面连接关系如何,为绘制三视图做好准备。对该轴承座零件形体分析的要点如下。

① 零件由底板、支撑板、肋板、圆筒以及凸台叠加而成。

② 底板、支撑板和肋板两两之间的组合形式为相接。

③ 支撑板的左、右侧面和圆筒外表面相切。

④ 肋板与圆筒相贯，其相贯线为圆弧和线段。

⑤ 圆筒和凸台的中间都有圆柱形通孔，它们的组合形式为相贯。

⑥ 底板上有两个圆柱形通孔，其底面还有一矩形通槽。

（2）选择主视图。主视图是表达组合体的一组视图中最主要的视图，因此，应合理选择组合体在画图时的安放位置及投射方向，通常将组合体放正，使其主要平面（或轴线）平行或垂直于投影面，并选取能反映其主要特征的方向作为主视图的投射方向。

对于该轴承座，选择底面平行于 H 面并以 A 向作为主视图的投射方向。主视图确定后，俯视图、左视图也就随之确定了。

（3）选择比例，确定图幅。视图确定后，应根据物体的大小选择适当的作图比例和图幅的大小，并且要符合制图标准的规定。同时，要注意所选幅面的大小应留有余地，以便标注尺寸、画标题栏、写技术要求等内容。

（4）绘制草图，清理并加粗图线。该组合体三视图的绘制过程如图 4-29 所示。

通过实例，可以总结出绘制组合体三视图的步骤及有关注意事项如下。

（1）选定比例后，画出各视图的对称线、回转体的轴线、圆的中心线及主要形体的端面线，并把它们作为基准线来布置视图。

（2）运用形体分析法，逐个画出各组成部分。

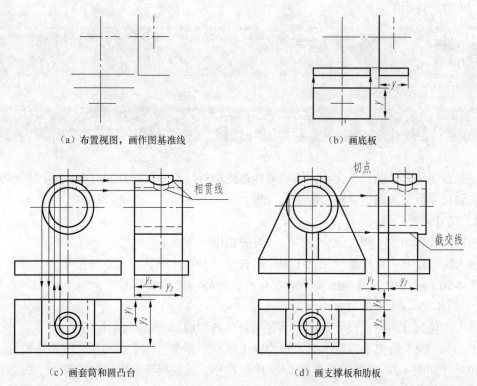

（a）布置视图，画作图基准线　　　　　（b）画底板

（c）画套筒和圆凸台　　　　　（d）画支撑板和肋板

图 4-29　轴承座三视图的绘制步骤

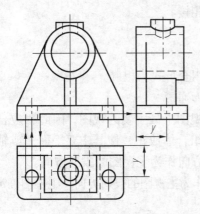 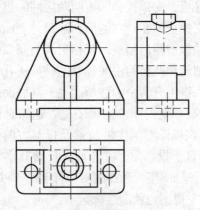

（e）画底板上圆角、圆孔和通槽　　　　　　　（f）校对、擦去作图线、加深

图 4-29　轴承座三视图的绘制步骤（续）

（3）一般先绘制较大的、主要的组成部分（如轴承架的长方形底板），再绘制其他部分；先绘制主要轮廓，再绘制细节。

（4）绘制每一基本几何体时，先从反映实形或有特征的视图（椭圆、三角形及六角形）开始，再按投影关系绘制出其他视图。对于回转体，先绘制出轴线、圆的中心线，再绘制轮廓线。

（5）作图过程中，应按"长对正、高平齐、宽相等"的投影规律，几个视图对应着绘制，以保持正确的投影关系。

 观看"绘制组合体的三视图"动画，直观认识绘制组合体三视图的方法。

4.3　组合体的尺寸标注

要想表明组合体的真实大小，还需要在视图中标注尺寸。标注尺寸时应运用形体分析方法，做到尺寸标注正确、完整、清晰及合理。

1．尺寸种类

根据尺寸作用的不同，组合体的尺寸可分成以下 3 类。

（1）定形尺寸。定形尺寸是用于确定组合体各基本体形状、大小的尺寸。

图 4-30（a）中的尺寸 80、48、40、4、12 及 $4 \times \phi 10$ 是定形尺寸，图 4-30（b）（尺寸 36 除外）、图 4-30（c）中的尺寸均为定形尺寸。

（2）定位尺寸。定位尺寸是用于确定组合体各组成部分之间相对位置的尺寸。

图 4-30（d）给出了各基本形体间的定位尺寸。单个形体（如底板，竖板中的孔、槽）的定位尺寸在图 4-30（a）和图 4-30（b）中已注出，如底板孔的定位尺寸有 60、28、10，竖板孔的定位尺寸为 36 等。

（3）总体尺寸。总体尺寸是用于确定组合体总长、总宽、总高的尺寸。

如图 4-30（e）所示，底板的长 80，宽 48，总高 48+R18 都是总体尺寸。

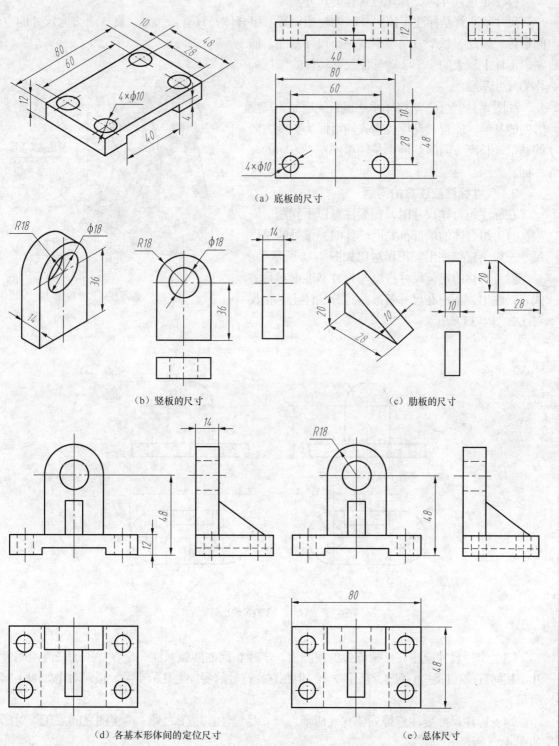

（a）底板的尺寸

（b）竖板的尺寸

（c）肋板的尺寸

（d）各基本形体间的定位尺寸

（e）总体尺寸

图 4-30　尺寸分析

2. 尺寸基准

标注定位尺寸时，首先应选择好尺寸基准。

尺寸基准就是标注定位尺寸时的起始位置。组合体是具有长、宽、高 3 个方向尺寸的空间形体，因此，每个方向至少有一个尺寸基准。通常以形体上较大的平面、对称面及回转体的轴线等作为尺寸基准。

如图 4-31 所示，选择轴承座底板的底面为高度方向的基准，底板和支撑板靠齐的后面为宽度方向的基准，长度方向的基准则是轴承座左右方向的对称面。

3. 尺寸标注应注意的问题

在标注组合体尺寸时，需要注意以下问题。

（1）组合体的端部都是回转体时，该处的总体尺寸一般不直接注出。正误对比如图 4-32 所示。

（2）对称的定位尺寸应以与尺寸基准面对称方式直接注出，不应在尺寸基准两边分别注出。正误对比如图 4-33 所示。

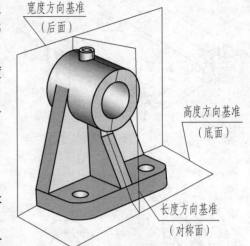

图 4-31　轴承座的尺寸基准

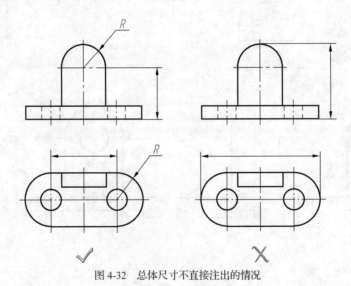

图 4-32　总体尺寸不直接注出的情况

（3）半径尺寸应注在反映圆弧的视图上，半径相同的圆弧只注一个，并不加任何说明。几个相同直径孔标注直径时，只注一个，但在直径符号前要加上孔的个数。正误对比如图 4-34 所示。

（4）标注尺寸要注意排列整齐、清晰，尺寸尽量注在视图之外、两视图之间。正误对比如图 4-35 所示。

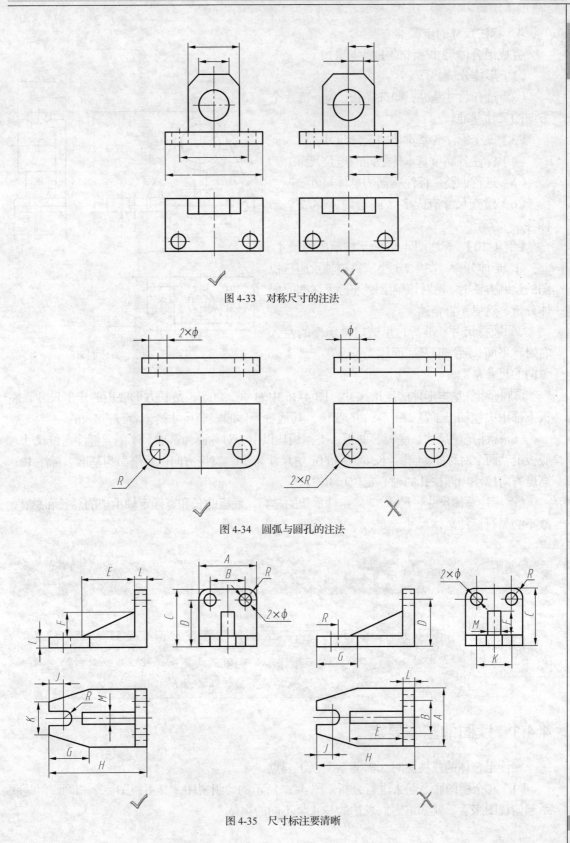

图 4-33 对称尺寸的注法

图 4-34 圆弧与圆孔的注法

图 4-35 尺寸标注要清晰

4. 标注尺寸的步骤

完成组合体尺寸标注的主要步骤如下。

（1）形体分析。

（2）选择尺寸基准，即选择长、宽、高3个方向的尺寸基准。

（3）逐个标注各基本体的定形尺寸。

（4）标注各简单基本体之间的定位尺寸。

（5）进行调整，标注所需的总体尺寸。

（6）检查尺寸有无多余或遗漏，完成全部标注。

【例4-10】 标注图4-36所示轴承座的尺寸。

① 形体分析。在4.2.3小节讲解轴承座三视图的绘制方法时，已对该轴承座进行了详细的形体分析，这里不再赘述。

② 选择尺寸基准。这里选定轴承架的左、右对称平面，后端面及底面作为长、宽、高3个方向的尺寸基准。

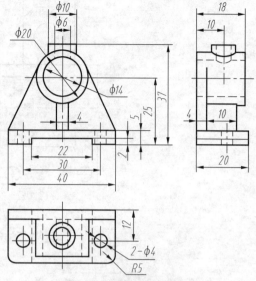

图4-36　轴承座的尺寸标注

③ 标注各基本形体的定形尺寸。图4-36中的40、20、5是长方形底板的定形尺寸，底板下部中央挖切出了宽22、深2的凹槽，其他各形体的定形尺寸请读者自行分析。

④ 标注定位尺寸。底板、肋板、支撑板均以中心对称面为基准，不需要标注定位尺寸。底板上钻两个对称的φ4孔，长度方向的定位尺寸为30；宽度方向以后平面为基准，标注12；高度方向应注出圆柱孔的轴心定位尺寸25。

⑤ 标注总体尺寸。尺寸37确定轴承架的总高，底板的长和宽确定轴承架的总长和总宽，故不必另行标注总体尺寸。

4.4　读组合体视图

　　绘制机械图样是将实物或想象（设计）中的物体运用正投影方法表达在图纸上，是一种从空间形体到平面图形的表达过程。而读图则是这一过程的逆过程，那么如何才能有效地读懂组合体的视图呢？

4.4.1　读图的基本要点

在读组合体的三视图时，需要掌握以下要点。

（1）几个视图联系起来进行分析。图4-37所示的4组视图，其主视图完全相同，但是联系起俯视图来看，就知道它们表达的是4个不同的物体。

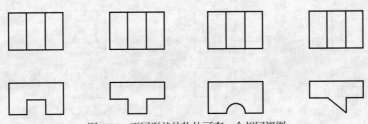

图 4-37　不同形状的物体可有一个相同视图

有时立体的两个视图也不能确定立体的形状。图 4-38 所示的三组视图，它们有相同的主视图和左视图，但俯视图不同，因此是 3 个不同形状的物体。

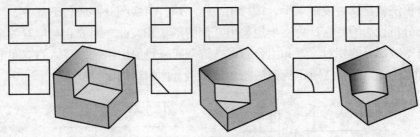

图 4-38　不同形状的物体可有两个相同的视图

（2）认清视图中线条和线框的含义。视图是由线条组成的，线条又组成一个个封闭的线框。识别视图中线条及线框的空间含义，也是读图的基本技能。

- 视图中的轮廓线（实线或虚线，直线或曲线）可以有 3 种含义，如图 4-39 所示。
- 视图中的封闭线框可以有 4 种含义，如图 4-40 所示。

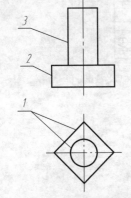

1—表示物体上具有积聚性的平面或曲面；
2—表示物体上两个表面的交线；
3—表示回转体的轮廓线
图 4-39　视图中线条的含义

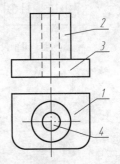

1—表示 1 个平面；2—表示 1 个曲面；
3—表示平面与曲面相切的组合面；
4—表示 1 个空腔
图 4-40　视图中线框的含义

（3）要注意利用虚线来分析物体的形状、结构及相对位置。虚线和粗实线的含义一样，也是用于表示物体上轮廓线的投影，只是因为其不可见而画成虚线，如图 4-41 所示。

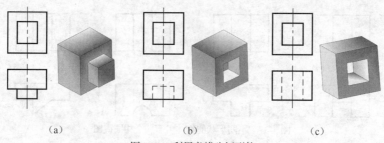

（a）　　　　　　　　　（b）　　　　　　　　　（c）

图 4-41　利用虚线分析形体

4.4.2　用形体分析法看图

形体分析法就是从主视图入手，按封闭线框画块，将视图分割成若干部分，然后用形体分析法逐个分析投影的特点，再逐步想象出它们的形状和彼此之间的相对位置关系及组合方式，最后根据各部分的相对位置和组合方式，综合起来想象出组合体整体的空间形状。

【例 4-11】　读图 4-42 所示的三视图，分析组合体的结构。

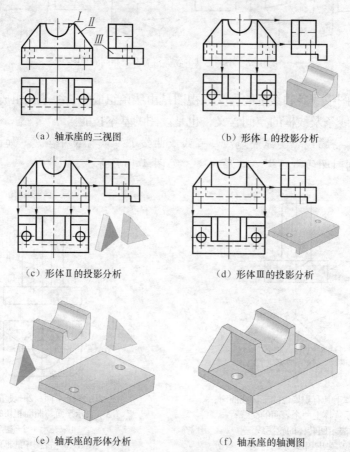

（a）轴承座的三视图　　　　　　（b）形体 I 的投影分析

（c）形体 II 的投影分析　　　　　（d）形体 III 的投影分析

（e）轴承座的形体分析　　　　　（f）轴承座的轴测图

图 4-42　用形体分析法看图

① 初步了解组合体的特征，采用形体分析法把物体分解成若干组成部分。从主视图入手，按照画线框的方法将主视图中的封闭线框（实线框、虚线框或实线与虚线框）作为一个组成

部分来分析。

由图 4-42（a）所示的主视图可知，该组合体左右对称，是一个叠加式组合体，整个形体大致分成 3 个组成部分：半圆座Ⅰ、左右支撑板Ⅱ和底座Ⅲ。

② 认真分析视图，识别形体。先从主视图看起，借助于丁字尺、三角板、分规等工具，根据"长对正、高平齐、宽相等"的规律，把几个视图联系起来看清投影关系。根据各部分三视图（或两视图）的投影特点想象出形体，并确定它们之间的相对位置。

③ 深入看懂细节，分析各组成部分的相对位置及各表面间的交线性质。分析可知：底座Ⅲ与半圆座Ⅰ叠加，切表面不平齐，左右支撑板Ⅱ与半圆座Ⅰ相接，并放置在底座Ⅲ上。

④ 综合起来想象整体。综合考虑各个基本形体及其相对位置关系，整个组合体的形状就清楚了。通过逐个分析，可由图 4-42（a）所示的三视图，想象出图 4-42（e）所示的物体。

动画演示　观看"用形体分析法看图"动画，直观认识用形体分析法看图的方法。

问题思考　在上述讨论中，为什么要反复强调把几个视图联系起来看呢？因为只看一个视图往往不能确定物体的形状和相邻表面的相对位置关系，所以在看图过程中，一定要将各个视图反复对照，直至都符合投影规律时，才能最后下结论。

4.4.3　用线面分析法看图

在阅读比较复杂组合体的视图时，通常在运用形体分析法的基础上，对不易看懂的局部结合线面的投影分析来读图。

通过分析立体的表面形状、表面交线、面与面之间的相对位置等，来帮助读者看懂和想象这些局部的形状，这种方法称为线面分析法。

问题思考　观看"用线面分析法看图"动画，直观认识用线面分析法看图的方法。

【例 4-12】　分析图 4-43（a）所示组合体的结构。

（1）用形体分析法先做主要分析。

① 从图 4-43（a）所示压块的三视图可看出其基本形体是个长方体，如图 4-43（b）所示。

② 从主视图可看出，长方体的左上方切掉一角，如图 4-43（c）所示。

③ 从俯视图可知，长方体的左端切掉前、后两个角，如图 4-43（d）所示。

④ 由左视图可知，长方体的前、后两边各切去一块长条，如图 4-43（e）所示。

（2）用线面分析法再作补充分析。

① 从图 4-43（c）可知，由主视图上的长方形线框 P 入手，可找到 P 面的 3 个投影。

② 从图 4-43（d）可知，由主视图的五边形线框 Q 入手，可找到 Q 面的 3 个投影。

（3）综合起来想整体。通过以上分析，逐步弄清了各部分的形状和其他一些细节，最后综合起来，就可以想象出压块的整体形状，如图 4-43（f）所示。

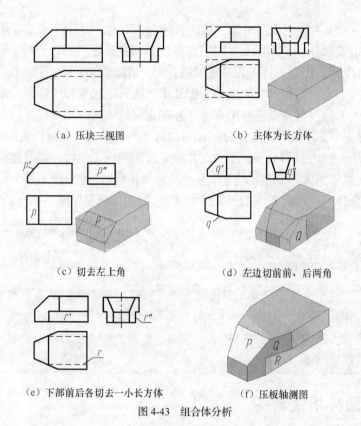

(a) 压块三视图　　　　　　　　　(b) 主体为长方体

(c) 切去左上角　　　　　　　　　(d) 左边切前、后两角

(e) 下部前后各切去一小长方体　　　　(f) 压板轴测图

图 4-43　组合体分析

4.5　综合实例

补视图和补缺线是培养看图、画图能力和检验是否看懂视图的一种有效手段。其基本方法是形体分析法和线面分析法。无论补画视图、补画缺线还是看三视图，都可按以下 3 个步骤进行。

（1）抓住特征，分部分。

（2）对准投影，想形状。

（3）综合归位，想整体。

1. 补视图

由已知两面视图补画第三面视图，其答案一般是确定的，但有时也可能有多种答案。为了分析视图所表达的物体结构形状是否正确，必要时，可以采用橡皮泥等制作模型或用画轴测图的方法来帮助想象或验证。

补视图的主要方法是形体分析法，要点如下。

（1）在由已知两个视图补画第三视图时，可根据每一封闭线框的对应投影，按照基本几何体的投影特性，分析出已知线框的空间形体，从而补画出第三投影。

（2）对于不能明确确定的问题，可以运用线面分析方法，补出其中的线条或线框，从而达到正确补画第三视图的要求。

（3）补视图的一般顺序是先画外形，再画内腔；先画叠加部分，再画挖切部分。

【例 4-13】 补画图 4-44（a）所示支座的左视图。

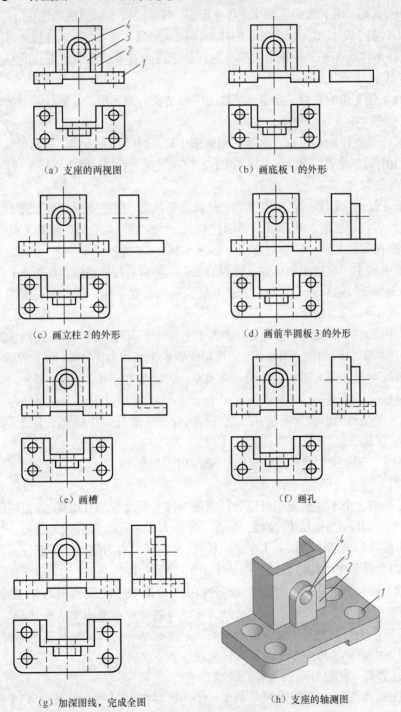

（a）支座的两视图　　　　　　　　　　（b）画底板 1 的外形

（c）画立柱 2 的外形　　　　　　　　　（d）画前半圆板 3 的外形

（e）画槽　　　　　　　　　　　　　　（f）画孔

（g）加深图线，完成全图　　　　　　　（h）支座的轴测图

图 4-44　补画支座的左视图

（1）分析。

① 如图 4-44（a）所示，反映形状特征较多的主视图将支座形体分成 4 个封闭线框 1、2、3 和 4。

② 通过三角板、分规等工具找出俯视图上与主视图 4 个封闭线框相对应的投影，经过分析，可以看出支座是由长方形底板 1、后立板 2、前半圆板 3 和圆柱形通孔 4 组成的。

③ 其中，前 3 个基本体是叠加，圆柱形通孔 4 与后立板 2、前半圆板 3 之间采用切割方式。此外，在形体后面开了一矩形直槽。这样，把视图看懂后再画出支座的左视图。

（2）作图。

① 线框 1 是支座的底板。在主、俯视图中都是长方形线框，其形状为长方体，故左视图为长方形，如图 4-44（b）所示。

② 线框 2 是支座的后立板。在主、俯视图中都是封闭长方形线框，其形状也是长方体，并竖在底板上的后部位置。所以在左视图中，它应在底板之上并与底板后部平齐，如图 4-44（c）所示。

③ 线框 3 是前半圆板。它在俯视图上是长方形线框，在主视图上是上圆下方的线框并竖在底板之上、后立板之前。其形状是半圆柱与长方块的圆滑结合体，所以它的左视图仍然是长方形并应画在底板之上，紧靠后立板，如图 4-44（d）所示。

④ 从支座的主、俯视图中可知，底板的底面从前到后开一通槽；底板 1 和后立板 2 的后端面有一个矩形缺口通到底，其缺口长度与底板通槽长度一样，所以在左视图上应用虚线表示出来，如图 4-44（e）所示。

⑤ 从支座的主、俯视图中还可知，底板 1 上有 4 个圆孔，后立板 2 和前半圆板 3 有一圆孔（线框 4）穿通，所以在左视图上也应用虚线表示出来，如图 4-44（f）所示。

⑥ 最后校对左视图，描深轮廓线，完成全图，结果如图 4-44（g）所示。

2. 补缺线

补缺线主要是利用形体分析法和线面分析法分析已知视图并补全图中遗漏的图线，使视图表达完整、正确。

【例 4-14】 补画图 4-45（a）所示三视图中的缺线。

（1）分析。

① 从已知的 3 个不完整视图可以分析出该物体主要由 3 部分组成。以俯视图为主进行分析，前面是半个圆柱，中间是四棱柱，后面是半圆立板，其组合形式为叠加。

② 在四棱柱的上部中间切去 1 个小四棱柱，并在其左右两侧的余下部分又各切去 1 个小三棱柱。在四棱柱和半圆柱结合处还钻了 1 个圆柱形通孔。

③ 通过上述分析可知，该物体由 6 部分组成。分别对照各部分的投影可发现以下问题。

- 主视图中漏画了半个圆柱和两个小三棱柱与四棱柱前表面交线的投影。
- 左视图中漏画了半圆板与四棱柱的交线以及被切去的四棱柱和圆孔的投影。
- 俯视图中漏画了两个小三棱柱与四棱柱上表面交线的投影。

根据上述分析，便可补画出所有的缺线。

（2）作图。作图具体步骤如图 4-45（b）和图 4-45（c）所示，图 4-45（d）所示为该物体的轴测图。

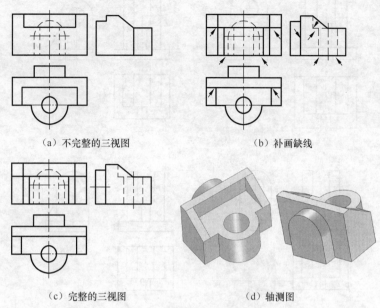

（a）不完整的三视图　　　　　　　　　（b）补画缺线

（c）完整的三视图　　　　　　　　　　（d）轴测图

图 4-45　补画三视图中的缺线

【例 4-15】　阅读图 4-46（a）所示的三视图。

看图步骤如下。

（1）抓住特征部分。如图 4-46（a）所示，通过形体分析可知，主视图中形体Ⅰ、Ⅱ特征明显，左视图中肋板Ⅲ特征突出，因此，该组合体大致可分为 3 部分。

（2）对准投影想形状。形体Ⅰ、Ⅱ从主视图、形体Ⅲ从左视图的线框出发，按照投影关系分别在其他两个视图上找出对应投影，并想象出它们各自的形状，如图 4-46（b）、图 4-46（c）和图 4-46（d）所示。

（3）综合归位想整体。形体Ⅱ在形体Ⅰ上面，两形体的对称面重合且后面平齐；肋板Ⅲ在形体Ⅱ的正前方，且分别与形体Ⅰ、Ⅱ相接，从而综合想象出物体的整体形状，如图 4-46（e）和图 4-46（f）所示。

【例 4-16】　求图 4-47 所示直立圆柱、半球体及轴线为侧垂线的圆锥 3 体相交的相贯线。

分析：图 4-47 所示为直立圆柱、半球体及轴线为侧垂线的圆锥 3 体相交，其组合相贯线是圆柱与球体的相贯线 A、圆柱与圆锥的相贯线 B、圆锥与球体的相贯线 C 组合而成。欲求出组合相贯线，应分别求出相贯线 A、B、C 以及它们的分界点。

作图步骤如下。

① 求圆柱与半球的相贯线 A。由于圆柱的轴线通过球心（共轴的两回转体），因此相贯线为一圆，且 V 面投影重影为水平线段 a'，H 面投影与圆柱面的投影重合为圆。

② 求圆柱与圆锥的相贯线 B。由于两回转体轴线正交，又同时平行于 V 面且在水平投影中，圆柱与圆锥的轮廓线相切，即圆柱与圆锥同时内切于 1 个球面。因此，相贯线为一椭圆，其正面投影为线段 b'，水平投影与圆柱面投影重合，相贯线 A 与 B 的分界点为Ⅰ、Ⅱ（$1'$ 与 $2'$ 重合）。

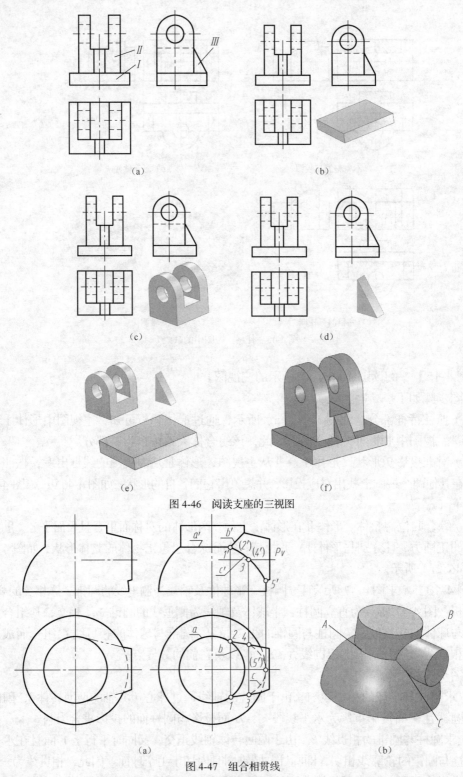

图 4-46 阅读支座的三视图

图 4-47 组合相贯线

③ 求圆锥与球体的相贯线 C。由于圆锥与球体轴线正交，且同时平行于 V 面，相贯线为一封闭的空间曲线，且前后对称，可选用水平辅助面求解。求圆锥最前、最后素线上的点Ⅲ、

Ⅳ。过圆锥轴线作水平辅助面 P_V，面 P 与球体的交线为圆（H 面投影反映圆的实形），面 P 与圆锥的交线为圆锥的最前、最后素线，由此先可求得Ⅲ、Ⅳ的水平投影 3、4，再求出正面投影 3′、4′。求最低点 V，点 V 为球体圆锥对面 V 的最大轮廓线的交点，因此，按投影关系可直接求出 5′、5。选用侧平面作辅助面，可求出适量的一般点，读者自己考虑。

④ 判别可见性并光滑连接各点。V 面投影中，相贯线均可见，画为粗实线。H 面投影中，可见性的分界点为 3、4，2—4、1—3 画实线（曲线），且圆锥的轮廓线分别画到 3、4 点处与相贯线相切，4—5—3 画细虚线。半球体底面圆被圆锥挡住部分（见图 4-47（b））画细虚线。

　　　观看"读组合体视图综合案例"系列动画，明确读组合体视图的方法和技巧。

本章小结

本章主要内容如表 4-2 所示。

表 4-2　　　　　　　　　　　　小结

名　称	图　形	概　要
组合体的组合形式	相贯 相切 叠加	叠加组合体：由基本几何体叠加而成的组合体 切割组合体：在基本几何体上进行切割、钻孔、挖槽等所构成的组合体 综合组合体：具有叠加组合体和切割组合体两种形式的组合体
组合体的三视图	φ40 φ28 26 30 48 φ22 28 10 φ15 50 36 10 R14 φ16	三视图的画法：首先进行形体分析，然后按照正确的绘图步骤完成组合体三视图 尺寸标注：先进行形体分析，选择尺寸基准，然后依次标注定形尺寸、定位尺寸及总体尺寸 读组合体视图：充分利用投影规律，熟练运用形体分析法，必要时还可采用线面分析法来分析视图

99

思考与练习

（1）组合体的组合形式有哪几种？组合体中各基本体表面间的连接关系有哪些？它们的画法各有什么特点？

（2）什么是截交线？截交线具有哪些性质？

（3）圆柱被截平面截切产生的截交线形状有哪几种？

（4）画组合体的三视图时应如何确定其主视图？

（5）组合体的尺寸标注有哪些基本要求？怎样才能满足这些要求？

（6）试述如何用形体分析法和线面分析法画组合体的视图及读组合体的视图。

第5章　机械图样的画法

观察图 5-1 所示的复杂零件，想想只采用三视图能够将其形状全部表达清楚吗？在机械图样中是否还有其他的表达方法？

观察图 5-2 所示减速器箱盖模型的各个细节和图 5-3 所示零件的复杂内腔结构，想想表达这些结构的难点在什么地方？该如何把这些结构表达得清楚准确呢？

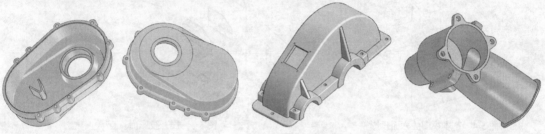

图 5-1　复杂的零件　　　　图 5-2　减速器箱体上盖零件　　图 5-3　复杂内腔零件

【学习目标】

- 掌握视图的概念、分类、画法和标注。
- 掌握各种剖视图的画法和标注。
- 掌握断面图的分类、画法和标注。
- 明确局部放大图和各种简化画法的用途

5.1　视图

视图是机件向投影面投影所得到的图形。它主要用于表达机件的外部形状，一般只画机件的可见部分，必要时才画出其不可见部分。常用的视图有基本视图、向视图、局部视图和斜视图。

5.1.1　基本视图

机件向基本投影面投影所得到的视图称为基本视图。

1. 六面视图的形成

如图 5-4 所示，基本视图主要包括以下视图。

- 主视图（从前向后投影）。
- 俯视图（从上向下投影）。

- 左视图（从左向右投影）。
- 右视图（从右向左投影）。
- 仰视图（从下向上投影）。
- 后视图（从后向前投影）。

2. 6 个基本投影面的展开

按图 5-5 中所示的方向展开投影面，展开后按图 5-6 所示的基本位置配置，一律不标注视图名称。

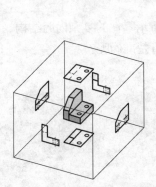

图 5-4　基本视图的六面投影箱

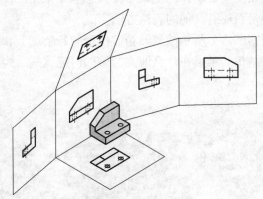

图 5-5　展开投影面

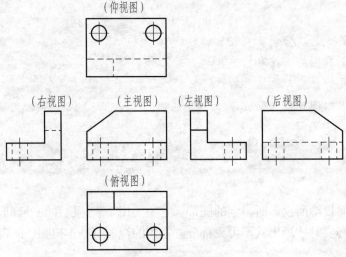

（仰视图）

（右视图）　　（主视图）　　（左视图）　　（后视图）

（俯视图）

图 5-6　基本视图的配置

3. 六面视图的投影规律

6 个基本视图之间也具有"长对正、高平齐、宽相等"的投影规律，如图 5-7 所示。

（1）主视图、俯视图和仰视图长对正（后视图同样反映零件的长度尺寸，但不与上述三视图对正）。

（2）主视图，左、右视图和后视图高平齐，左、右视图与俯、仰视图宽相等。

（3）主视图与后视图，左视图与右视图，俯视图与仰视图还应该轮廓对称。

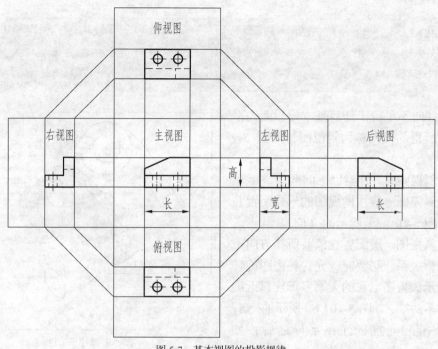

图 5-7　基本视图的投影规律

　观看"基本视图的形成原理"动画，了解基本视图的形成原理。

5.1.2　向视图、斜视图和局部视图

在基本视图不能完全表达或不方便表达机件的外部结构形状时，还可用向视图、斜视图和局部视图来表达。

1．向视图

根据机件的需要，若 6 个基本视图不能按标准位置配置时，可用向视图表示。向视图是可自由配置的视图，绘制时要注意以下问题。

（1）在向视图的上方要用大写字母标注视图的名称"*X*"。

（2）在相应视图的附近用箭头指明投影方向，并注上相同的字母，如图 5-8 所示。

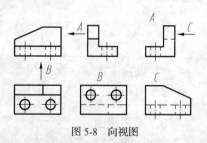

图 5-8　向视图

　观看"向视图的形成原理"动画，了解向视图的表达要点。

2. 斜视图

问题思考　当物体的表面与投影面倾斜时，其投影不反映实形，如图 5-9 所示的压紧杆零件，主体部分是空心圆柱，这时应该怎样表达此结构呢?

解决方法：增设一个辅助投影面，将倾斜部分向辅助投影面投影。

将机件向不平行于任何基本投影面的平面投射，所得的视图称为斜视图，如图 5-9 所示。

绘制斜视图时要注意以下问题。

（1）斜视图一般按向视图的形式配置并标注，如图 5-10（a）所示的 A 向视图。

（2）斜视图一般配置在箭头所指方向，且符合投影关系。必要时，允许将视图旋转配置，表示该视图名称的大写字母应靠近旋转符号的箭头端，如图 5-10（b）所示的 ⌒A，也允许将旋转角度标注在字母之后，如 ⌒A60°。

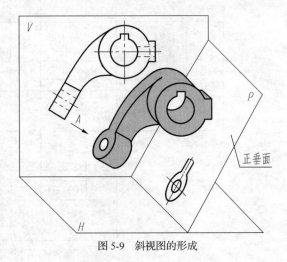

图 5-9　斜视图的形成

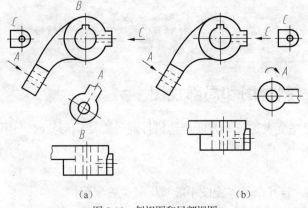

（a）　　　　　　　　　（b）

图 5-10　斜视图和局部视图

动画演示　观看"斜视图的形成原理"动画，直观认识斜视图的表达要点。

3. 局部视图

将机件的某一部分向基本投影面投影，所得到的视图称为局部视图，如图 5-10（a）所示的 B 向、C 向视图。

绘制局部视图时要注意以下问题。

（1）局部视图的断裂边界通常用波浪线或双折线表示。当所表达的局部结构是完整的且外轮廓又成封闭时，波浪线可以省略。

（2）当局部视图按投影关系配置，中间又无其他图形隔开时，可省略各标注。否则，应按向视图的配置形式配置并标注。

动画演示 观看"局部视图的形成原理"动画，直观认识局部视图的表达要点。

5.2 剖视图

问题思考 如图 5-11 所示，在绘制机械图样时，机件上不可见的结构形状通常用虚线表示。但当机件不可见的结构形状很复杂时，如果仅用前面所学的视图进行表达，则在视图上会出现大量的虚线，造成看图困难，不便于标注尺寸，这时应该怎么办？

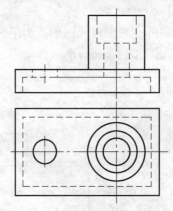

图 5-11 用虚线表示机件的内部结构

5.2.1 剖视图的概念

对机件不可见的内部结构形状经常使用剖视图来表达，如图 5-12 所示。

假想用剖切平面把机件切开，将处于观察者与剖切平面之间的部分移去，再将其余部分向投影面投影，并在剖面区域内画上剖面符号，所得到的图形称为剖视图，简称剖视，如图 5-12（a）所示。

观察图 5-12（b）所示的主视图可知，由于采用了剖视图画法，原来不可见的孔和槽变成可见了，图上原来的虚线也变成了实线，这样，可使图形更加清晰，便于看图。

问题思考 在绘制视图时，如果图中既有剖视图又有其他视图，那么其他视图中被剖切面剖去的部分是否应该完整画出？

动画演示 观看"剖视图的形成原理"动画，了解剖视图的特点和用途。

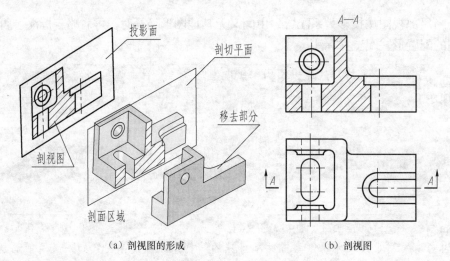

（a）剖视图的形成　　　　　　　　（b）剖视图

图 5-12　剖视图的概念

1. 剖视图的画法

剖切平面与机件接触的部分称为剖面。

剖面是剖切面和物体相交所得的交线围成的图形。为了区别剖到和未剖到的部分，要在剖到的实体部分画上剖面符号，如图 5-13（b）所示。

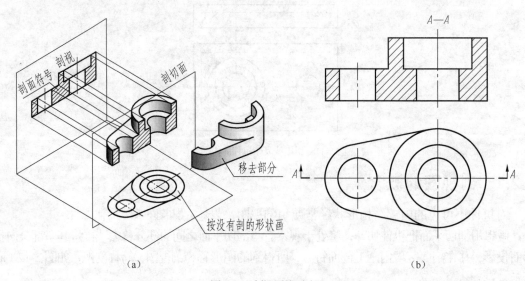

（a）　　　　　　　　　　　　　　（b）

图 5-13　剖视图的画法

为了区分被剖到的机件材料，国家标准 GB/T 4457.5—1984 规定了各种材料的剖面符号的画法，如表 5-1 所示。

表 5-1　　　　　　　　　　　　　　剖面符号

材 料 名 称	剖 面 符 号	材 料 名 称	剖 面 符 号
金属材料（已有规定剖面符号者除外）		木质胶合板（不分层数）	

续表

材 料 名 称		剖 面 符 号	材 料 名 称	剖 面 符 号
线圈绕组元件			玻璃及供观察用的其他透明材料	
转子、电枢、变压器、电抗器等的叠钢片			液体	
型砂、填砂、粉末冶金、砂轮、陶瓷刀片及硬质合金刀片等			非金属材料（已有规定剖面符号者除外）	
木材	纵剖面		混凝土	
	横剖面		钢筋混凝土	
格网（筛网、过滤网等）			砖	

注：剖面符号仅表示材料的类别，材料的名称和代号必须另行注明。

要点提示　　在同一张图样中，同一个机件的所有剖视图的剖面符号应该相同。例如，金属材料的剖面符号都画成与水平线成 45°（可向左倾斜，也可向右倾斜）且间隔均匀的细实线。

2. 剖视图的标注

剖视图标注的主要内容有剖切符号和剖视图名称。

（1）剖切符号。剖切符号是表示剖切面起、止和转折位置及投射方向的符号。

用断开线（粗短线）表示剖切平面的位置，用箭头表示投影方向，即在剖切面起、止和转折位置画粗短线，线宽 $1\sim1.5d$，线长 $5\sim10$mm，并尽可能不与图形轮廓线相交，在两端粗短线的外侧用箭头表示投影方向，并与剖切符号末端垂直。

（2）剖视图名称。在剖视图的上方用大写拉丁字母标注剖视图的名称"×—×"，并在剖切符号的附近注上同样的字母，如图 5-12（b）所示。

国家标准规定在以下情况下可省略或简化标注。

- 单一剖切平面通过机件对称面或基本对称面并且剖视图按投影关系配置、中间又没有其他图形隔开时，可以省略标注。
- 剖视图配置在基本视图位置，而中间又没有其他图形间隔时，可以省略箭头。

3. 注意事项

绘制剖视图应注意以下问题。

（1）剖切平面位置的选择。因为画剖视图的目的是清楚地表达机件的内部结构，因此，应尽量使剖切平面通过内部结构比较复杂的部位（如孔、沟槽）的对称平面或轴线。另外，为便于看图，剖切平面应取平行于投影面的位置，这样可在剖视图中反映出剖切到的部分实形，如图 5-13（b）所示。

（2）虚线的省略。剖切平面后方的可见轮廓线都应画出，不能遗漏。不可见部分的轮廓线（虚线）在不影响对机件形状完整表达的前提下不再画出，如图5-14所示。

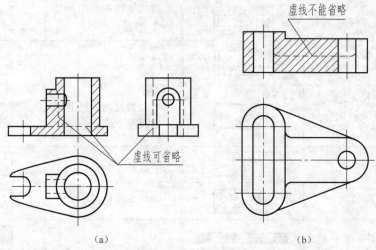

图 5-14　剖视图中虚线的处理

（3）肋板、轮辐及薄壁的处理。对于机件肋板、轮辐、薄壁等，如按纵向剖切（剖切面通过厚度中心），则这些结构被剖的断面内都不画剖面符号，用粗实线将它与其邻接部分分开即可，如图5-15所示。

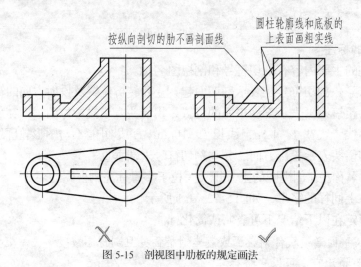

图 5-15　剖视图中肋板的规定画法

5.2.2　剖视图的种类及其画法

　　一个零件上的剖切区域越多，就越能看清其内部结构，但是在图纸面积一定的情况下，剖视图面积越大，用于表达零件外部轮廓的一般视图就会越小，这样就会导致零件外形表达不充分，这时应该怎么办呢？

在机械图样中，可以使用不同种类的剖视图来表达零件。根据机件被剖切范围的大小，剖视图可分为全剖视图、半剖视图和局部剖视图。

1. 全剖视图

用剖切平面完全地剖开机件后，所得到的剖视图称为全剖视图。

全剖视图一般用于不对称的、内部结构形状较复杂而外形较简单或外形已在其他视图上表达清楚的机件，主要是为了表达机件的内部结构，如图 5-16 所示。

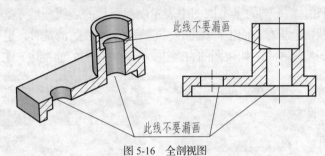

图 5-16　全剖视图

全剖视图应按规定进行标注。当剖视图按基本视图关系配置时，可省略箭头。当剖切平面通过机件的对称面或基本对称面且剖视图按投影关系配置、中间又无其他视图隔开时，可省略标注。

　观看"全剖视图的画法及案例"动画，直观认识全剖视图的画法。

2. 半剖视图

机件具有对称结构，以对称中心线为界，一半画视图，另一半画成剖视图，这样的视图称为半剖视图。

半剖视图主要用于内、外形状都需要表达且结构对称的机件，当机件的形状接近于对称而不对称部分已另有视图表达清楚时，也可画成半剖视图，如图 5-17 所示。

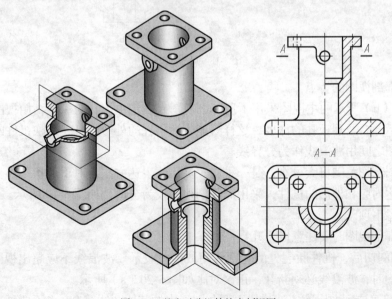

图 5-17　基本对称机件的半剖视图

画半剖视图应注意以下问题。

（1）半剖视图的标注方法与全剖视图的完全相同。当剖切平面未通过机件的对称平面时，必须标出剖切位置和名称。

（2）在半剖视图中，表示机件外部的半个视图和表示机件内部的半个剖视图的分界线是对称中心线，应画成细点画线。

（3）在半剖视图中，不剖的半个视图中表示内部形状的虚线一般不必画出。

（4）机件的形状接近于对称而不对称的部分已另有图形表达清楚时，也可画成半剖视图。

（5）半剖视图一般画在主、俯视图的右半边，俯、左视图的前半边，主、左视图的上半边。

 观看"半剖视图的画法及案例"动画，直观认识半剖视图的画法。

3. 局部剖视图

用剖切平面局部地剖开物体所得的剖视图称为局部剖视图，如图 5-18 所示。

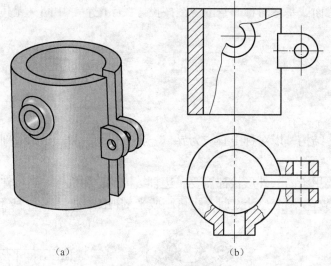

（a）　　　　　　　　　（b）

图 5-18　局部剖视图

（1）局部剖视图的特点。

图 5-18（b）所示的主视图采用了局部剖视图来表示主体孔的深度，俯视图采用了局部剖视图来表示凸台及耳板孔的深度，这样既能表达机件的外形，又能反映机件的内部结构。剖视图和视图之间用波浪线作为分界线。

局部视图剖切范围可大可小，是一种比较灵活的表达方法。对于形状不对称，又要在同一视图中表达内腔和外形的机件，采用局部剖视图较为合适，如图 5-19 所示。

（2）注意事项。

绘制局部剖视图时要注意以下几点。

① 局部剖切后，机件断裂处的轮廓线用波浪线表示。波浪线不应超出视图的轮廓线，若遇到孔、槽时，波浪线必须断开，正误对比如图 5-20（a）所示。

② 为了不引起读图误解，波浪线不要与图形中的其他图线重合，也不要画在其他图线的

延长线上，正误对比如图 5-20（b）所示。

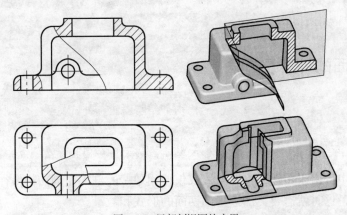

图 5-19　局部剖视图的应用

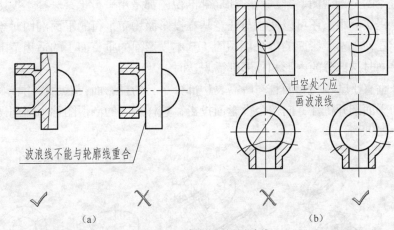

波浪线不能与轮廓线重合

中空处不应画波浪线

（a）　　　　　　　　　　　　　　　（b）

图 5-20　局部剖视图中波浪线

③ 当被剖切结构为回转体时，允许将该结构的对称中心线作为局部剖视图和视图的分界线，如图 5-21 所示。

④ 图 5-22 所示的机件虽然对称，但由于机件的分界处有轮廓线，因此不宜采用半剖视图，应采用局部剖视图。

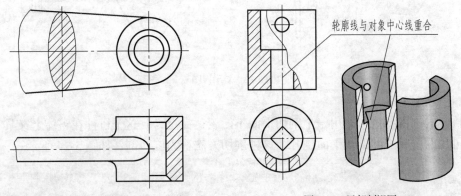

轮廓线与对象中心线重合

图 5-21　中心线作局部剖视图的分界线　　　　　图 5-22　局部剖视图

观看"局部剖视图的画法及案例"动画，直观认识局部剖视图的画法。

5.2.3 剖切面的种类及方法

如果零件上需要表达的内部结构不止一处，使用一个剖切面不能同时将这些结构完全剖开，那么应该怎么办？如果一个剖切面与基本投影面不平行，那么将剖面图形投影到基本投影面后会出现什么问题，应该怎么解决？

在机械图样中，由于零件结构复杂，仅仅使用单一的剖切面剖切物体往往难以表达清楚模型的结构细节，这时就需要灵活选择剖切面的形式和数量。

1. 单一剖切面

前面所讨论的全剖视图、半剖视图和局部剖视图都是用平行于某一基本投影面的剖切面所得出的。工程实际中，还可以使用与任意基本投影面均布平行的平面剖切对象。

不平行于任何基本投影面的单一剖切面（基本投影面的垂直面）的适用范围：当机件具有倾斜部分，同时这部分的内形和外形都需表达时。

选择一个垂直于基本投影面且与所需表达部分平行的投影面，然后再用一个平行于这个投影面的剖切平面剖开机件，向这个投影面投影，这样得到的剖视图称为斜剖视图，简称斜剖视，如图 5-23 所示。

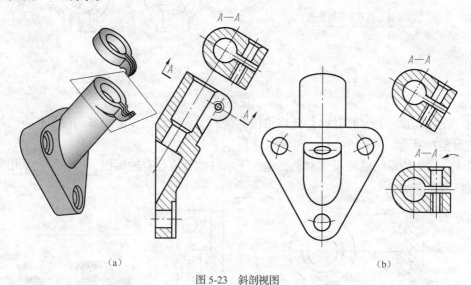

（a）　　　　　　　　　　　　　　　　（b）

图 5-23　斜剖视图

2. 相交剖切面

当机件的内部结构形状用一个剖切平面不能表达完全，且这个机件在整体上又具有回转轴时，可用两个相交的剖切平面剖开，这种剖切方法称为旋转剖，如图 5-24 所示。

观看"旋转剖视图的画法及案例"动画，直观认识旋转剖视图的画法。

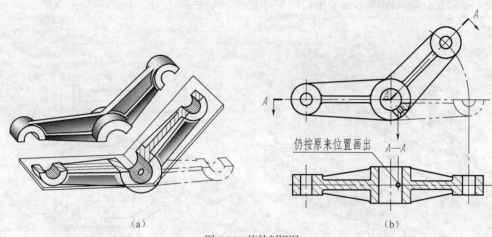

（a）　　　　　　　　　　　　　　　（b）

图 5-24　旋转剖视图

采用旋转剖面剖视图时，首先把由倾斜平面剖开的结构连同有关部分旋转到与选定的基本投影面平行，然后再进行投影，使剖视图既反映实形又便于画图。

绘制旋转剖面剖视图时要注意以下几点。

（1）旋转剖必须标注。标注时，在剖切平面的起、止和转折处画上剖切符号，标上同一字母，并在起、止处画出箭头表示投影方向，在所画剖视图上方的中间位置用同一字母写出其名称"×—×"，如图 5-24（b）所示。

（2）在剖切平面后的其他结构一般仍按原来位置投影，如图 5-24（b）所示小油孔的两个投影。

（3）剖切后产生不完整要素时，应将该部分按不剖画出，如图 5-25 所示。

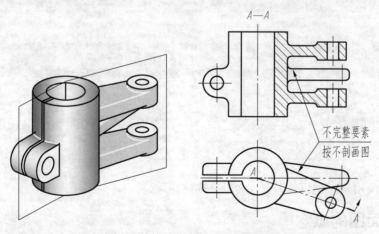

图 5-25　旋转剖切形成不完整因素的画法

3. 平行剖切面

当机件上有较多的内部结构形状，而它们的轴线不在同一平面内时，可用几个互相平行的剖切平面剖切，这种剖切方法称为阶梯剖。

图 5-26 所示为机件用了 3 个平行的剖切平面剖切后画出的"*A—A*"全剖视图。

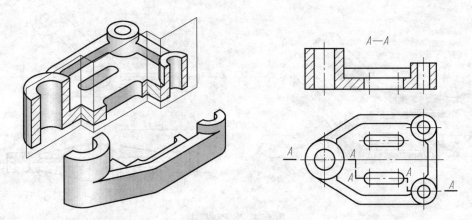

图 5-26　阶梯剖切的画法

绘制阶梯剖面剖视图时要注意以下几点。

（1）各剖切平面剖切后所得的剖视图是一个图形，不应在剖视图中画出各剖切平面的界线。

（2）在图形内不应出现不完整的结构要素。

（3）阶梯剖的标注与旋转剖的标注要求相同。在相互平行的剖切平面转折处的位置不应与视图中的粗实线（或虚线）重合或相交。

（4）当转折处的地方很小时，可省略字母。

 动画演示　观看"阶梯剖"动画，直观认识阶梯剖的画法。

5.3　断面图

 问题思考　如果要观察一个模型（如一根长轴）的截面形状，应该使用什么方式来表达？

断面图主要用来表达机件某部分断面的结构形状。

5.3.1　断面图的概念

断面图是假想用剖切面将物体的某处切断，仅画出该剖切与物体接触部分的图形，如图 5-27 所示。

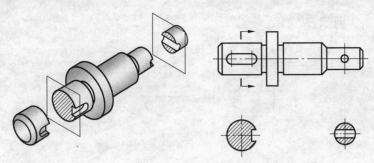

图 5-27 断面图的概念

断面图主要用来表达机件某部分剖面的结构形状，如肋、轮辐、键槽以及各种型材的断面。

5.3.2 断面图的种类

根据断面图配置位置的不同，断面图分为移出断面图和重合断面图两种。

1. 移出断面

在视图外画出的断面图称为移出断面图（见图 5-27）。

绘制移出断面图时要注意以下几点。

（1）移出断面图配置在机件的视图外，其轮廓线用粗实线绘制，配置在剖切线的延长线上或其他适当的位置（见图 5-27）。当断面图形对称时，也可将其画在视图的中断处，如图 5-28 所示。

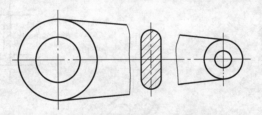

图 5-28 断面图配置在视图中断处

（2）绘制由两个或多个相交的剖切面剖切机件而得到的移出断面图时，图形的中间应断开，如图 5-29 所示。

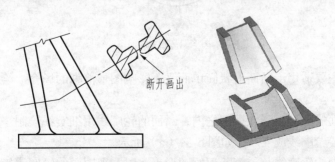

断开画出

图 5-29 断面图断开画出

（3）当剖切平面通过机件上的回转面形成的孔或凹坑的轴线时，这些结构按剖视画出，如图 5-30（a）和图 5-30（b）所示。

（4）当剖切平面通过非圆孔会导致出现完全分离的两个断面时，这种结构也应按剖视画出，如图 5-30（c）所示。

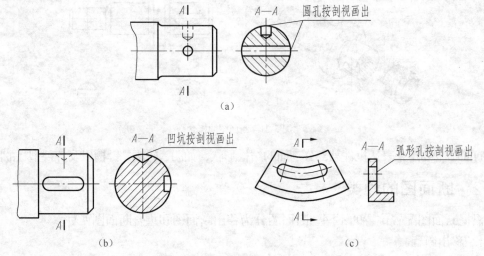

（a）

（b）   （c）

图 5-30   断面图按剖视画出

2．重合断面

画在视图轮廓线内部的断面图称为重合断面图，如图 5-31 所示。

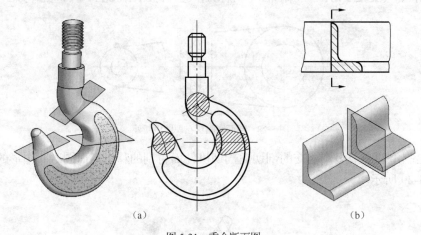

（a）   （b）

图 5-31   重合断面图

重合断面图主要适用于断面形状简单而又不影响图形清晰的场合。绘制时要注意以下几点。

（1）重合断面的图形应画在视图之内，断面的轮廓线用细实线绘制，断面线应与剖面图形的对称线或主要轮廓线成 45°，如图 5-31（a）所示。

（2）当视图中的轮廓线与重合断面的图形重叠时，视图中的轮廓线仍应连续画出，不可间断，如图 5-31（b）所示。

 观看"断面图的画法及案例"，直观认识断面图的画法。

5.3.3 断面图的标注

断面图的一般标注要求，如表 5-2 所示。

表 5-2   断面图的标注

断面种类及位置		移 出 断 面		重 合 断 面
		在剖切位置延长线上	不在剖切位置延长线上	
剖面图形	对称	省略标注，如图 5-32（a）最右边的图所示 以断面中心线代替剖切位置线	画出剖切位置线，标注断面图名称，如图 5-32（a）中的 B—B 和图 5-32（c）所示	省略标注，如图 5-33（a）所示
	不对称	省略字母，如图 5-32（b）所示 画出剖切位置线与表示投影方向的箭头	画出剖切位置线，并给出投影方向，标注断面图名称，如图 5-32（a）中的 A—A	画出剖切位置线与表示投影方向的箭头，如图 5-33（b）所示

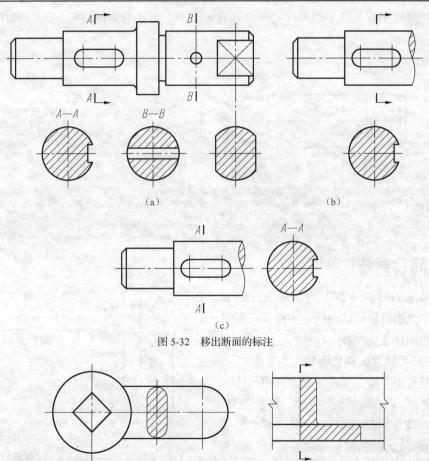

图 5-32 移出断面的标注

图 5-33 重合断面的标注

5.4 其他表达方法

实际生产中的零件各式各样，在绘制图样时，不但要准确地表达形体，而且还要尽量简洁，以减小绘图和看图的难度。因此，对机件上的某些结构，还可以采用其他的表达方法，如局部放大图和国家标准 GB/T 16675.1—1996 规定的简化画法。

5.4.1 局部放大图

当机件的某些局部结构较小、在原定比例的图形中不易表达清楚或不便标注尺寸时，可将此局部结构用较大比例单独画出，这种图形称为局部放大图，如图 5-34 所示。

此时，原视图中该部分的结构可简化表示。局部放大图可画成视图、剖视图及断面图，它与被放大部分的表达方式无关。

局部放大图应用细实线圈出被放大的部分，并在对应的放大图上方注出比例。如有多处放大部位，则应用罗马数字编号，并在对应放大图的上方用分式注写相应的编号和比例，如图 5-34 所示。

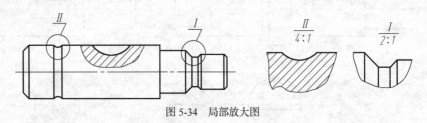

图 5-34　局部放大图

 动画演示　观看"局部放大图"动画，直观认识局部放大图的画法。

5.4.2 简化画法

简化画法的目的是在表达清楚设计细节的条件下，使用尽量简洁的线条和符号直观明了地表达出图样上的结构。

1. 左右手零件的简化画法

对于左右手零件，允许仅画出其中一件，另一件用文字说明，如图 5-35 所示，其中"LH"表示左件，"RH"表示右件。

2. 局部放大图的简化画法

在局部放大图表达完整的前提下，允许在原视图中简化被放大部位的图形，如图 5-36 所示。

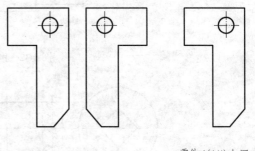

零件1(LH)　零件2(RH)

零件1(LH) 如图
零件2(RH) 对称

（a）简化前的画法　　（b）简化后的画法

图 5-35　左右手零件的画法

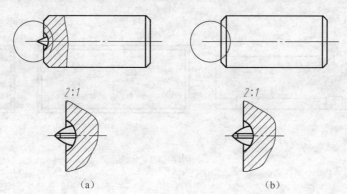

图 5-36　局部放大图的简化画法

3. 折断画法

较长的机件（如轴、杆、型材及连杆等）沿长度方向的形状一致或按一定规律变化时，可断开后缩短绘制，断开后的尺寸仍应按实际长度标注，如图 5-37（a）和图 5-37（b）所示。

断裂处的边界线可用波浪线或双点画线绘制，如图 5-37（a）和图 5-37（b）所示；对于实心和空心圆柱可按图 5-37（c）所示绘制；较大零件的断裂处可用双折线绘制，如图 5-37（d）所示。

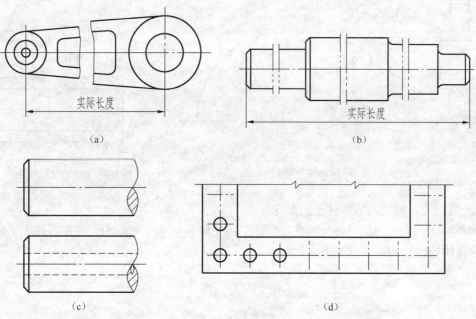

图 5-37　折断画法

4. 相同结构的简化画法

当机件具有若干个相同结构（如齿、槽等）并按一定规律分布时，只需画出几个完整的结构，其余用细实线连接，并注明结构的总数，如图 5-38（a）所示。

对于多个直径相同且成规律分布的孔（如圆孔、螺孔及沉孔等）可以仅画出一个或几个孔，其余孔只需用点画线表示其中心位置，并注明孔的总数，如图 5-38（b）所示。

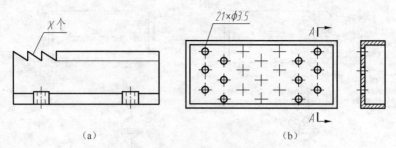

图 5-38　相同结构的简化画法

5. 对称图形

当图形对称时，在不引起误解的前提下，可只画视图的一半或四分之一，并在对称中心线的两端分别画出两条与其垂直的平行细实线（对称符号），如图 5-39 所示。

6. 法兰盘上的孔

法兰盘上均匀分布的孔允许按图 5-40 所示的方式表示，只画出孔的位置而将圆盘省略。

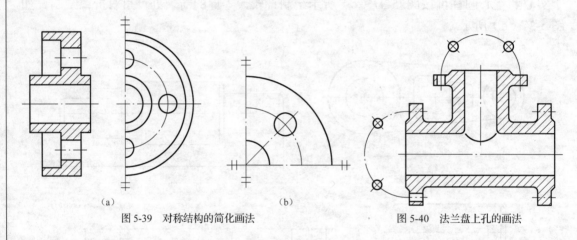

图 5-39　对称结构的简化画法　　　　　图 5-40　法兰盘上孔的画法

7. 网状物、编织物或机件上的滚花

网状物或机件上的滚花部分可在轮廓线附近用细实线示意图画出，并在零件图上或技术要求中注明这些结构的具体要求，如图 5-41 所示。

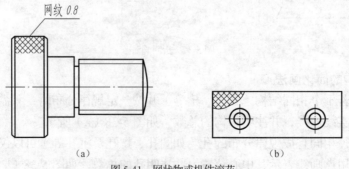

图 5-41　网状物或机件滚花

8. 不能充分表达的平面

当图形不能充分表达平面时，可用平面符号（相交的两细实线）表示，如图 5-42 所示。

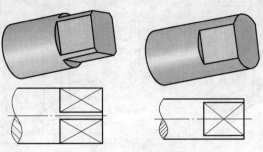

图 5-42　表示平面的简化画法

9. 键槽、方孔的表达

机件上对称结构的局部剖视图（如键槽、方孔等）可按图 5-43 所示的方法表示。

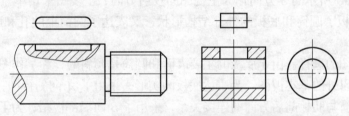

图 5-43　机件上对称结构局部剖视图的简化画法

5.5　综合实例

本节将通过两个综合实例的学习，进一步熟悉和掌握机件的常用表达方法。

5.5.1　确定机件的表达方案

前面介绍了表达机件结构形状的各种方法，在绘制机械图样时应根据机件的具体形状选择恰当的表达方案。

针对一个机件一般可先定出多个表达方案，然后通过分析比较确定一个较佳的方案。确定表达方案的原则如下。

- 在完整、清晰地表达形体结构的前提下，使视图数量最少。
- 力求绘图简便，看图方便。
- 选择的每一个视图都有一定的表达重点，同时又要注意彼此间的联系和分工。

【例 5-1】　确定图 5-44（a）所示支架的表达方案。

分析：图 5-44（a）所示的支架由圆筒、底板和肋板构成。支架前后对称，底板倾斜并有 4 个安装通孔。

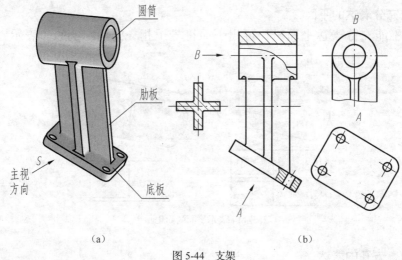

（a）　　　　　　　　　　　　　　　　　　（b）

图 5-44　支架

（1）主视图的选择。为反映机件的形体特征，将支架上的主要结构圆筒的轴线水平放置并以图 5-44（a）所示的 S 方向作为主视图的投射方向，主视图采用单一剖切面的局部视图，既表达了肋板、圆筒和底板的外部结构形状，又表达了圆筒上的孔和底板上 4 个通孔的形状。

（2）其他视图的选择。由于底板的主要表面和圆筒是倾斜的，为了作图简单，该机件不宜选用除主视图以外的基本视图。为表达底板的实形，采用了 A 向斜视图，如图 5-44（b）所示；为表达圆筒与肋板前后方向的连接关系，采用了 B 向局部视图；为了表达十字形肋板的断面形状，采用了移出剖面。

5.5.2　读剖视图

读剖视图是根据机件已有的视图、剖视图、断面图等通过分析它们之间的关系及其表示意图，从而想象出机件的内、外结构形状。其基本步骤如下。

（1）识读图形，了解投影关系。了解机件选用了几个视图，几个剖视图、断面图，从视图、剖视图及断面图的数量位置和图形的内、外轮廓初步了解机件的复杂程度。

（2）分析形体，想象机件各部分的形状。在剖视图中带有剖面线的封闭线框表示物体被剖切的剖面区域（实体部分），不带剖面线的空白封闭线框表示机件的空腔或远离剖切面后的结构形状。

（3）综合想象整体形状。先根据视图确定主体结构，然后再把各部分综合起来想象整体形状。

【例 5-2】　识读图 5-45 所示缸盖的剖视图。

（1）识读图形，明确投影关系。图 5-45（b）中共有 3 个图形：主视图、左视图和后视图。其中，主视图画的是普通视图，它除了表示外形，还表示了 4 个沉头孔和 2 个螺纹孔。左视图画的是全剖视图，剖切位置符号省略未画，它主要表示内部孔的结构，中间是大阶梯孔，小油孔为等径垂直相贯，还画了 1 个重合剖面表示三角肋板的断面形状。后视图主要表示环形槽。

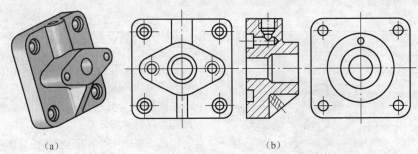

图 5-45 缸盖及其视图

（2）分析形体，想出内、外结构。用形体分析法将机件分解成若干个基本形体，想出每个基本体的形状，根据剖面符号想出每个基本体内部孔、槽的形状和位置，从而弄清基本体的内、外结构形状。例如，缸盖可分解成 4 个基本形体，方形底板、菱形凸台、半圆柱和三角形肋板。菱形凸台中间有个大圆孔，两边各有 1 个小螺纹孔。半圆柱上有个小油孔。方形底板中间有 1 个大圆孔，1 个小油孔，1 个环形槽和 4 个沉头孔。

（3）综合整体，看懂机件形状。根据视图投影关系，想出几个基本形体之间的相对位置，组合起来看懂整个机件的内、外结构形状。

缸盖菱形凸台在方形底板前面位于中间，半圆柱在底板前面和菱形凸台上面，三角形肋板在底板前面和菱形凸台下面，整个机件左右为对称形。就整个机件内部结构来看，从左视图和俯视图上可看出有大圆柱阶梯孔，相贯的小油孔，环形槽，4 个沉头孔和两个螺纹孔。

看清各简单形体的内、外形状和相互位置后，可想出缸盖的整体形状，结果如图 5-45（a）所示。

 动画演示 　　观看"机件的表达综合案例"系列动画，明确确定机件表达方案的方法与技巧。

本章小结

本章主要内容如表 5-3 所示。

表 5-3 小结

名　称	图　形	概　述
视图		基本视图：用于表达机件的整体 向视图：用于表达机件的整体外形，在不能按规定位置配置时使用 局部视图：用于表达机件的局部外形 斜视图：用于表达机件倾斜部分的外形

续表

名　　称	图　　形	概　　述
剖视图		全剖视图：用于表达机件的整个内部结构（剖切面完全切开机件） 半剖视图：用于表达有对称机件的外形与内部结构（以对称线分界） 局部剖视图：用于表达机件的局部内部结构和保留机件的局部外形（局部剖切机件）
断面图		移出断面图：用于表达机件局部结构的截断面 重合断面图：用于表达机件局部结构的截断面形状，要在不影响图形清晰的情况下采用

思考与练习

（1）基本视图共有几个？它们是如何排列的？它们的名称是什么？

（2）如果选用基本视图不能清楚表达机件，那么按国标规定有几种视图可以用来清楚地表达呢？

（3）斜视图和局部视图在图中如何配置和标注？

（4）局部视图与局部斜视图的断裂边界用什么表示？画波浪线时要注意些什么？什么情况下可省略波浪线？

（5）剖视图有哪几种？要得到这些剖视图，按国标规定有哪几种剖切手段？

（6）在剖视图中，什么地方应画上剖面符号？剖面符号的画法有什么规定？

（7）剖视图与断面图有何区别？

（8）断面图有几种？断面图在图中应如何配置和标注？

第6章　标准件和常用件

标准件是指结构、形状和尺寸等都严格按照国家标准的规定进行制造的零件，如图 6-1 所示齿轮泵中的螺栓、键等，想一想生活中还有哪些常用的标准件呢？

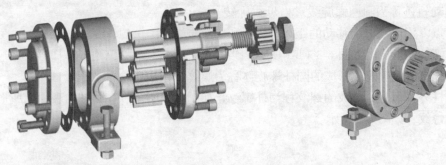

图 6-1　标准件和常用件在机械中的应用

常用件是指部分结构、参数也已标准化的零件和部件，如图 6-1 中的齿轮。想一想生活中还有哪些零件属于常用件呢？

【学习目标】

- 了解螺纹的形成和螺纹的基本要素。
- 掌握螺纹的规定画法。
- 熟练掌握常用螺纹紧固件连接的画法。
- 掌握键、销连接的规定画法。
- 掌握直齿圆柱齿轮的规定画法。
- 掌握滚动轴承和弹簧的规定画法。

6.1　螺纹画法及标注

螺纹在工程中应用广泛，如图 6-2 所示。其中，用于连接的螺纹称为连接螺纹，用于传递运动和动力的螺纹称为传动螺纹。

图 6-2　螺纹的应用

6.1.1　螺纹的形成和结构

螺纹是指在圆柱或圆锥面上沿着螺旋线所形成的具有相同剖面的连续凸起和沟槽。

1. 螺纹的形成原理

螺旋线是螺纹成形的基础。

（1）螺旋线的形成。如图 6-3（a）所示，动点 *A* 沿圆柱的母线作等速直线运动，与此同时母线又绕圆柱轴线作等速旋转运动，动点 *A* 在圆柱面上的运动轨迹称为圆柱螺旋线。当母线旋转一周时，动点 *A* 沿轴线方向移动的距离称为导程。

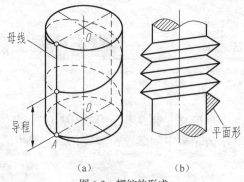

图 6-3　螺纹的形成

（2）螺纹的形成。如图 6-3（b）所示，当一个平面图形（如三角形、梯形及矩形等）绕着圆柱面作螺旋运动时，形成的圆柱螺旋体称为螺纹。

在圆柱外表面上所形成的螺纹称为外螺纹，如图 6-4 所示。在圆柱内表面上所形成的螺纹称为内螺纹，如图 6-5 所示。

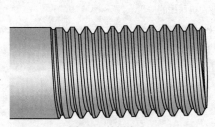

图 6-4　外螺纹

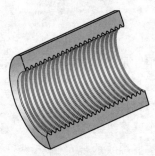

图 6-5　内螺纹

（3）螺纹的加工。如图 6-6 所示，加工螺纹通常在车床上进行，加工时工件作等速旋转运动，刀具沿轴向作等速移动。对于直径较小的螺纹，可用板牙或丝锥加工，如图 6-7 所示。

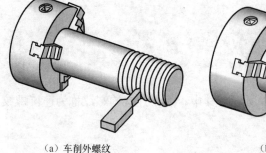

（a）车削外螺纹

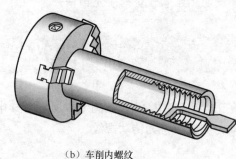

（b）车削内螺纹

图 6-6　在车床上加工螺纹

动画演示　观看"螺纹加工方法介绍"动画，直观认识螺纹加工的方法。

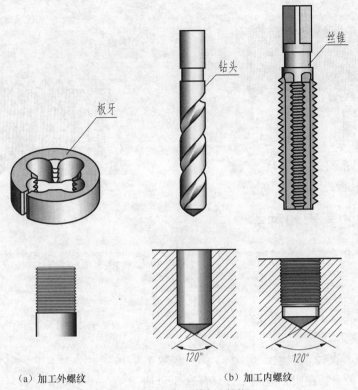

（a）加工外螺纹　　　　　　　（b）加工内螺纹

图 6-7　板牙、丝锥加工螺纹

2. 螺纹的结构

螺纹上的主要结构包括以下几个方面。

（1）螺纹末端。为了方便螺杆旋入，以及防止螺纹起始圈碰坏，通常预先将螺纹末端制成一定的形状，如倒角、倒圆等，如图 6-8 所示。

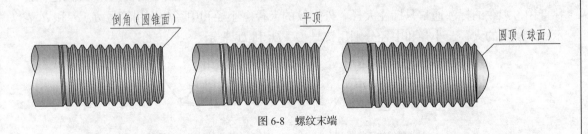

图 6-8　螺纹末端

　　（2）螺纹收尾和退刀槽。加工外螺纹和不通孔的内螺纹时，在螺纹尾部车削的刀具要逐渐离开工件，因而螺纹末尾会产生一小段不完整的牙型，称为螺纹收尾。此段不能旋合，如图 6-9 所示。

　　有的螺纹连接不允许有螺尾存在，这时可事先在产生螺尾的部位车出一条环形槽，即退刀槽，如图 6-10 所示。

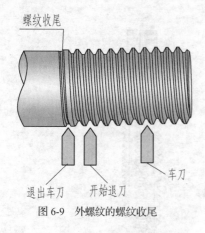

螺纹收尾

退出车刀　开始退刀　车刀

图 6-9　外螺纹的螺纹收尾

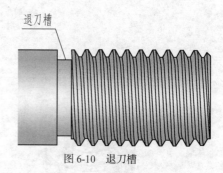

退刀槽

图 6-10　退刀槽

6.1.2　螺纹的要素和种类

 问题思考　在实际应用中，内螺纹和外螺纹通常是配合使用的，它们要满足什么条件才能完全配合呢？

下面将介绍螺纹的 5 个基本要素以及螺纹的分类。

1. 螺纹的要素

螺纹有牙型、直径、线数、螺距（导程/线数）及旋向 5 个基本要素。在实际应用中，只有这 5 个基本要素完全相同时，内、外螺纹才能配合使用，如图 6-11 所示。

（1）牙型。牙型是指通过螺纹轴线剖面上的螺纹轮廓线形状。常见的螺纹牙型有三角形、梯形、锯齿形、矩形等，如图 6-12 所示。

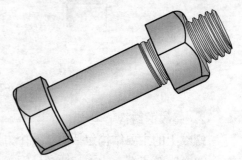

图 6-11　内螺纹和外螺纹配合使用

（2）螺纹直径。螺纹直径包括大径、小径和中径 3 个类型，如图 6-13 所示。大径也称公称直径，螺纹的标注通常只标注大径。外螺纹的大径、小径和中径分别用符号 d、d_1 和 d_2 表示，内螺纹的大径、小径和中径分别用符号 D、D_1 和 D_2 表示。

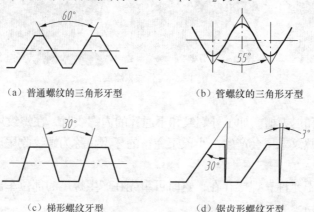

（a）普通螺纹的三角形牙型　　（b）管螺纹的三角形牙型

（c）梯形螺纹牙型　　（d）锯齿形螺纹牙型

图 6-12　螺纹的牙型

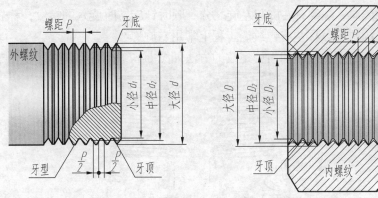

图 6-13　螺纹的大径、小径和中径

- 大径：与外螺纹牙顶或内螺纹牙底相切的假想圆柱的直径。
- 小径：与外螺纹牙底或内螺纹牙顶相切的假想圆柱的直径。
- 中径：母线通过牙型上沟槽和凸起宽度相等位置的假想圆柱直径，是控制螺纹精度的主要参数之一。

（3）螺纹的线数。螺纹有单线和多线之分。沿圆柱面上一条螺旋线所形成的螺纹称为单线螺纹，如图 6-14 所示。两条或两条以上在轴向等距分布的螺旋线所形成的螺纹称为双线或多线螺纹，如图 6-15 所示。

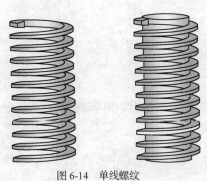

图 6-14　单线螺纹

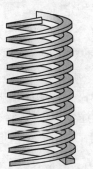

图 6-15　双线螺纹

（4）螺纹的螺距。相邻两个牙型在中径线上对应两点间的轴向距离称为螺距 P。导程 P_h 是指同一螺旋线上的相邻牙型在中径线上两对应点间的轴向距离，如图 6-16 所示。

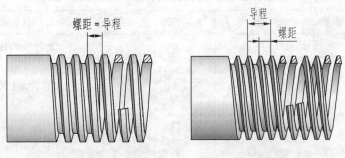

（a）单线螺纹　　　　　　　　（b）多线螺纹

图 6-16　螺纹的螺距、导程及线数

（5）螺纹的旋向。螺纹有右旋和左旋之分。顺时针旋转时旋入的螺纹，称右旋螺纹；逆时针旋转时旋入的螺纹，称左旋螺纹。工程上常用右旋螺纹。

以左、右手判断左旋螺纹和右旋螺纹的方法如图6-17所示。

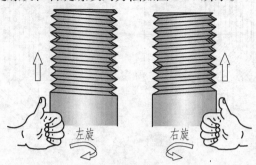

左旋　　　　右旋

图6-17　螺纹的旋向

动画演示　　观看"螺纹的要素"动画，直观认识螺纹的5个基本要素。

2. 螺纹的种类和应用

螺纹的种类较多，可根据螺纹的要素是否标准和螺纹的用途两方面进行分类。

（1）按螺纹要素是否标准分类。为便于设计和制造，国家标准对螺纹的牙型、直径和螺距3个要素做了统一规定。

- 标准螺纹：3个要素都符合国家标准的螺纹。
- 特殊螺纹：牙型符合国家标准，直径或螺距不符合国家标准的螺纹。
- 非标准螺纹：牙型不符合国家标准的螺纹，如矩形螺纹。

生产上如无特殊需要，均应采用标准螺纹。

（2）按螺纹的用途分类。从螺纹的功用出发，螺纹可分为连接螺纹和传动螺纹。一般地，三角形螺纹用于连接，梯形、锯齿形及矩形螺纹用于传动。

要点提示　　粗牙普通螺纹和细牙普通螺纹的牙型均为60°的等边三角形，管螺纹的牙型为55°的等腰三角形。

常用标准螺纹的种类、特征代号、外形图及用途如表6-1所示。

表6-1　　　　　　　常用标准螺纹的种类、特征代号、外形图及用途

螺 纹 种 类			特 征 代 号	外 形 图	用 途
连接螺纹	普通螺纹	粗牙	M		最常用的连接螺纹
		细牙			用于细小的精密或薄壁零件
	管螺纹		G		用于水管、油管、气管等薄壁管子上

续表

螺纹种类		特征代号	外形图	用途
传动螺纹	梯形螺纹	Tr		用于各种机床的丝杠，做传动用
	锯齿形螺纹	B		只能传递单方向的动力

 观看"螺纹的种类和应用"动画，直观认识螺纹的种类及其应用。

6.1.3　螺纹的规定画法

在机械图样中，螺纹已经标准化，并且通常采用成型刀具制造，因此无须按其真实投影画图。绘图时，根据国家标准（GB/T 4459.1—1995）的规定绘制即可。

1. 外螺纹的画法

外螺纹的画法如图 6-18 所示，要点如下。

（1）螺纹牙顶圆的投影（即大径）用粗实线表示。

（2）牙底圆的投影（即小径）用细实线表示。

（3）螺杆的倒角或倒圆部分应画出，螺纹终止线用粗实线表示。

（4）在垂直于螺纹轴线的投影面视图中，表示牙底圆的细实线只画约 3/4 圈。螺杆倒角的投影不画。

（5）当外螺纹被剖切时，剖切部分的螺纹终止线只画到小径处，剖面线画到表示牙顶圆的粗实线处，如图 6-18（c）所示。

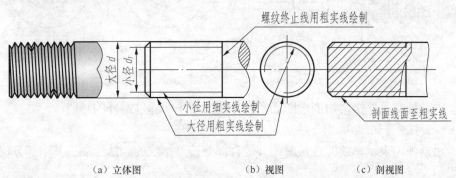

（a）立体图　　　　　（b）视图　　　　（c）剖视图

图 6-18　外螺纹的画法

2. 内螺纹的画法

内螺纹的画法如图 6-19 所示，要点如下。

（1）在平行于螺纹轴线的投影面视图中，内螺纹通常画成剖视图。

（2）牙顶圆的投影（即小径）用粗实线表示。牙底圆的投影（即大径）用细实线表示。螺纹终止线用粗实线表示。

（3）剖面线画到表示牙顶圆的粗实线处。

（4）在垂直于螺纹轴线的投影面视图中，表示牙底圆的细实线只画约 3/4 圆。螺纹上倒角的投影省略不画。

（5）当螺纹为不可见时，螺纹的所有图线均用虚线绘制，如图 6-19（c）所示。

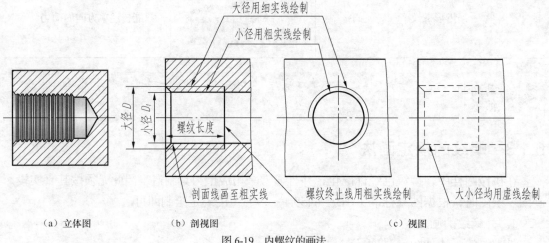

（a）立体图　　　　　　　　　（b）剖视图　　　　　　　　　（c）视图

图 6-19　内螺纹的画法

3. 螺纹连接的画法

螺纹连接的画法如图 6-20 所示，要点如下。

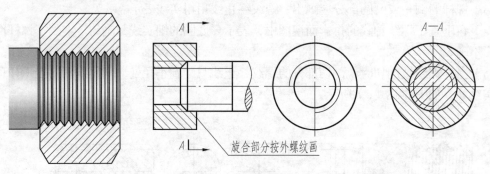

图 6-20　内、外螺纹连接的画法

（1）内、外螺纹连接常用剖视图表示，并使剖切平面通过螺杆的轴线。

（2）螺杆按未剖切绘制。

（3）用剖视图表示螺纹的连接时，其旋合部分按外螺纹的画法绘制，其余部分仍按各自的画法表示。

（4）表示螺纹大、小径的粗、细实线应分别对齐，与螺杆头部倒角的大小无关。

动画演示　　观看"螺纹的规定画法"动画，直观认识外螺纹、内螺纹以及螺纹连接的规定画法。

6.1.4　螺纹的标注方法

问题思考　　既然螺纹的规定画法是相同的，而螺纹的种类又非常多，那么究竟应该怎样在图样上区分不同种类的螺纹呢？

在机械图样中，为了区别不同种类的螺纹，国标规定标准螺纹应在图样中注出相应标准所规定的螺纹代号。

1. 标注的基本格式

国家标准规定螺纹的标注应包括以下内容。

| 特征代号 | 公称直径 | × | 导程(P 螺距) | - | 公差带代号 | - | 旋合长度代号 | - | 旋向 |

标注时应注意以下几点。

（1）对于单线螺纹，导程（P 螺距）改标螺距。

（2）普通粗牙螺纹，不标注螺距。

（3）螺纹公差带由公差等级和基本偏差代号组成（内螺纹用大写字母如 6H、外螺纹用小写字母如 6h），公差带代号应按顺序标注中径、顶径公差带代号。

（4）旋合长度代号规定为长（L）、中（N）、短（S）3 组，旋合长度为中等时，"N"可省略。

（5）右旋螺纹不标注旋向，左旋螺纹则标注 LH。

【例 6-1】　螺纹标记示例 1。

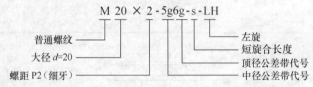

【例 6-2】　螺纹标记示例 2。

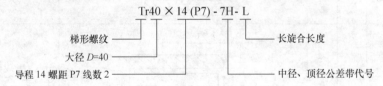

2. 标注方法

常用的螺纹标注形式如表 6-2 所示。

表 6-2　　　　　　　　　　　　　常用的螺纹标注形式

螺纹类别	特征 代号	标 注 示 例		说　　明
普通螺纹 GB/T 197—2003	M	*M30-5g6g-S* 粗牙螺纹	*M20×2-6H-LH* 细牙螺纹	1. 粗牙螺纹不标注螺距 2. 右旋螺纹省略不标 3. 中径和顶径公差带相同时只标注一个代号，如 6H 4. 螺纹旋合长度为中等旋合长度时可省略不标 5. 细牙螺纹应标注螺距

6.1 螺纹画法及标注

续表

螺纹类别	特征	代号	标 注 示 例	说 明
非螺纹密封管螺纹 GB/T 7307—2001		G	*G1 1/2-A*　*G1 1/2-LH*	1. 不标注螺距 2. 右旋螺纹省略不标，左旋标注"LH" 3. G右边的数字为管螺纹尺寸代号 4. 应标注外螺纹公差等级代号，内螺纹不标注
螺纹密封管螺纹 GB/T 7306.1—2000 GB/T 7306.2—2000	圆锥外螺纹	R_1 R_2	*R₁ 1/2 或 R₂ 1/2*	R_1、R_2右边的数字为管螺纹尺寸代号
	圆锥内螺纹	R_c	*Rc1 1/2*	R_c右边的数字为管螺纹尺寸代号
	圆柱内螺纹	R_p	*Rp 1 1/2*	R_p右边的数字为管螺纹尺寸代号
梯形螺纹 GB/T 5796.4—1986		T_r	*Tr 36×12(P6)-7H*	1. 单线标注螺距，多线标注导程（P为螺距） 2. 右旋螺纹省略不标，左旋标注"LH" 3. 螺纹旋合长度为中等旋合长度时可省略不标 4. 只标注中径公差带代号
锯齿形螺纹 GB/T 13576.1—1992		B	*B40×7-8c-LH*	

动画演示　观看"螺纹的标注"动画，直观认识螺纹的标注。

6.2　常用螺纹紧固件

如图 6-21 所示，螺纹紧固件主要起连接和紧固作用，常用的有螺栓、螺母、垫圈、螺钉、双头螺柱等，其结构形式和尺寸均已标准化。螺纹紧固件通常由专业化工厂成批生产，使用时可按要求根据相关标准选用。

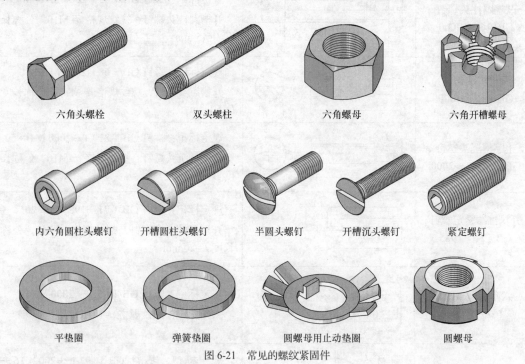

| 六角头螺栓 | 双头螺柱 | 六角螺母 | 六角开槽螺母 |

| 内六角圆柱头螺钉 | 开槽圆柱头螺钉 | 半圆头螺钉 | 开槽沉头螺钉 | 紧定螺钉 |

| 平垫圈 | 弹簧垫圈 | 圆螺母用止动垫圈 | 圆螺母 |

图 6-21　常见的螺纹紧固件

6.2.1　螺纹紧固件的标记

根据国家标准《紧固件标记方法》（GB/T 1237—2000）的规定，螺纹紧固件的规定标记一般包括以下内容。

$$\boxed{名称}\ \boxed{标准编号}\ \boxed{螺纹规格} \times \boxed{公称长度}$$

常用螺纹紧固件的规定标记如表 6-3 所示。

表 6-3　　　　　　　　　　常见螺纹紧固件的规定标记

名　　称	图　　示	说　　明
六角头螺栓 A 和 B 级 GB/T 5782—2000	M16 60	规定标记：螺栓 GB/T 5782—2000 M16×60 表示 A 级六角头螺栓，螺纹规格 d=M16，公称长度 L=60 mm

续表

名　称	图　示	说　明
双头螺柱（b_m=1.25d） GB/T 898—1988		规定标记：螺柱 GB/T 898—1988 M16×40 双头螺柱，螺纹规格 d=M16，公称长度 L=40 mm
开槽圆柱头螺钉 GB/T 65—2000		规定标记：螺钉 GB/T 65—2000 M10×45 开槽圆柱头螺钉，螺纹规格 d=M10，公称长度 L=45 mm
开槽沉头螺钉 GB/T 68—2000		规定标记：螺钉 GB/T 68—2000 M10×50 开槽沉头螺钉，螺纹规格 d=M10，公称长度 L=50 mm
十字槽沉头螺钉 GB/T 819.1—2000		规定标记：螺钉 GB/T 819.1—2000 M10×50 十字槽沉头螺钉，螺纹规格 d=M10，公称长度 L=50 mm
开槽锥端紧定螺钉 GB/T71—1985		规定标记：螺钉 GB/T 71—1985 M6×20 开槽锥端紧定螺钉，螺纹规格 d=M6，公称长度 L=20 mm
六角螺母 GB/T 1670—2000		规定标记：螺母 GB/T 6170—2000 M16 六角螺母，螺纹规格 d=M16
平垫圈 GB/T 97.1— 2002		规定标记：垫圈 GB/T 97.1—2002 16—140 HV A 级平垫圈，螺纹规格 d=M16，性能等级为140 HV

动画演示　　观看"常用螺纹紧固件的图例和标记"动画，直观认识螺纹紧固件的图例和标记。

6.2.2　螺纹紧固件的连接画法

　　螺纹紧固件连接的基本形式有螺栓连接、螺柱连接和螺钉连接 3 种，如图 6-22 所示。把螺栓（或螺柱、螺钉）与螺母、垫圈及被连接件装配在一起而画出的视图或剖视图，称为螺纹紧固件的装配图，如图 6-23 所示。

视频演示　　观看"螺纹连接简介"视频，直观认识螺纹连接。

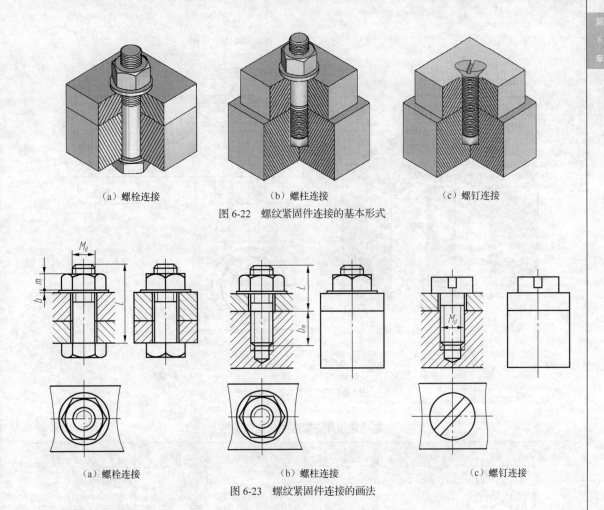

（a）螺栓连接　　　　　　　（b）螺柱连接　　　　　　　（c）螺钉连接

图 6-22　螺纹紧固件连接的基本形式

（a）螺栓连接　　　　　　　（b）螺柱连接　　　　　　　（c）螺钉连接

图 6-23　螺纹紧固件连接的画法

在画螺纹紧固件的装配图时应遵守如下规定。

（1）两零件的接触面处画一条粗实线。

（2）作剖面图时，如果剖切平面通过螺纹紧固件的轴线，则螺栓、螺柱、螺钉、螺母及垫圈等都按不剖绘制；互相接触的零件的剖面线方向应该相反，或者两零件的剖面线的方向相同而间距不同。

以下分别介绍螺栓、螺柱及螺钉连接的装配画法。

1．螺栓连接

螺栓主要用于连接不太厚并能加工通孔的零件，如图 6-24 所示。

画螺栓连接图时，应根据螺栓零件的标记按其相应标准中的各部分尺寸绘制。但为了方便作图，通常可按其各部分尺寸与螺栓大径 d 的比例关系近似画出，其比例关系可查表获得，如表 6-4 所示。

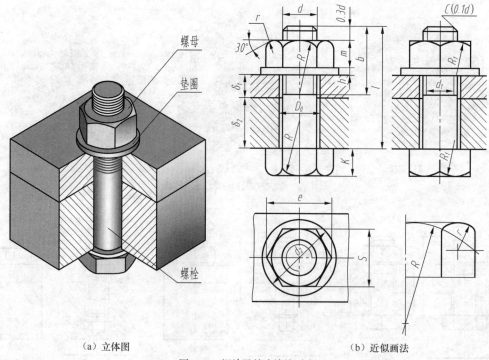

（a）立体图   （b）近似画法

图 6-24　螺栓及其连接的画法

表 6-4　　　　　　　　　　　　　　　　螺栓紧固件近似画法的比例关系

部位	尺 寸 比 例	部位	尺 寸 比 例	部位	尺 寸 比 例
螺栓	$b=2d$；$e=2d$；$R=1.5d$ $c=0.1d$；$k=0.7d$ $d_1=0.85d$ $R_1=d$ S 由作图决定	螺母	$e=2d$ $R=1.5d$ $R_1=d$ r 由作图决定 S 由作图决定	垫圈	$h=0.15d$ $d_2=2.2d$
				被连接件	$D_0=1.1d$

动画演示　　　观看"螺栓连接的画法"动画，直观认识螺栓连接的画法。

2. 双头螺柱连接

当被连接零件需经常拆卸或其中之一较厚、不便加工通孔时，常采用螺柱连接，如图 6-25 所示。

双头螺柱的两端均有螺纹，较短的一端（旋入端）用来旋入下部较厚零件的螺孔。较长的另一端（紧固端）穿过上部零件的通孔（孔径 $D_0 \approx 1.1d$）后，套上垫圈，然后拧紧螺母即可完成连接。螺柱连接图通常也采用比例画法，如图 6-25（b）和图 6-25（d）所示。

画螺柱连接图时应注意以下几点。

（1）为了保证连接牢固，旋入端的螺纹终止线应与两零件的接触面平齐。

（2）双头螺柱旋入端的长度 b_m 与被旋入零件的材料有关（钢或青铜取 $b_m = d$，铸铁取

$b_m = 1.25d$ ），其数值可由标准查得；螺孔的深度应大于旋入端的长度，一般约取 $b_m + 0.5d$，而钻孔深度则约取 $b_m + d$。

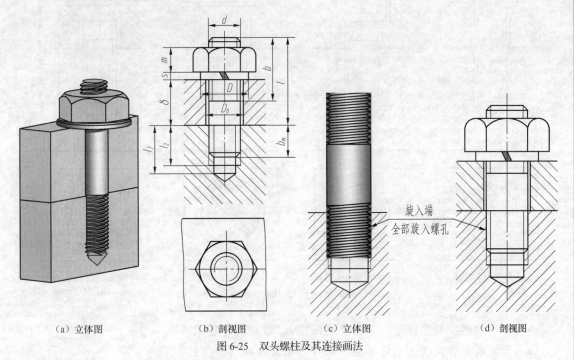

（a）立体图　　　　　　（b）剖视图　　　　　　（c）立体图　　　　　　（d）剖视图

图 6-25　双头螺柱及其连接画法

（3）由图 6-25（b）可知，螺柱的公称长度为：

$$L = \delta + s + m + a$$

式中：δ——连接上部零件的厚度；

$\quad s$——垫圈厚度；

$\quad m$——螺母厚度；

$\quad a$——螺柱紧固端伸出螺母的长度（一般取 $0.2d \sim 0.3d$）。

按上式计算 L 后，再查表选取标准长度值（取大于计算所得数值的接近值）。

观看"双头螺柱连接的画法"动画，直观认识双头螺柱连接的画法。

3. 螺钉连接

螺钉的种类很多，按其用途可分为连接螺钉和紧定螺钉。

连接螺钉主要用于连接一个较薄和一个较厚的零件，它不需要与螺母配用，常用于受力不大而又不经常拆卸的场合。

（1）连接螺钉。如图 6-26 所示，被连接的下部零件做成螺孔，上部零件做成通孔（孔径一般取 $1.1d$），将螺钉穿过上部零件的通孔，然后与下部零件的螺孔旋紧，即完成连接。

画连接螺钉的要点如下。

- 螺钉旋入螺孔的深度 b_m 与双头螺柱旋入端的螺纹长度 b_m 相同，与被旋入零件的材料有关。

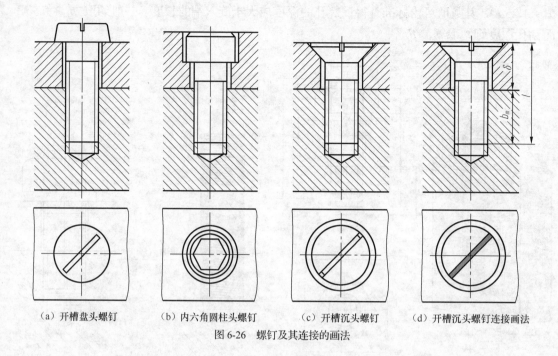

（a）开槽盘头螺钉　　　（b）内六角圆柱头螺钉　　　（c）开槽沉头螺钉　　　（d）开槽沉头螺钉连接画法

图 6-26　螺钉及其连接的画法

- 螺钉的螺纹长度应比旋入螺孔的深度 b_m 小，一般取 d。
- 开槽螺钉在俯视图上应画成顺时针方向旋转 45° 的位置。
- 螺钉的公称长度 L 应先按下式计算，然后查表选取相近的标准长度值。

$$L = \delta + b_m$$

式中：δ——连接上部零件的厚度；

　　　b_m——螺钉旋入螺孔的长度。

（2）紧定螺钉。紧定螺钉用来防止两个相互配合的零件发生相对运动。图 6-27 所示为用紧定螺钉限定轮和轴的相对位置。其中，图 6-27（a）所示为零件图上螺孔和锥坑的画法，图 6-27（b）所示为在装配图上的画法。

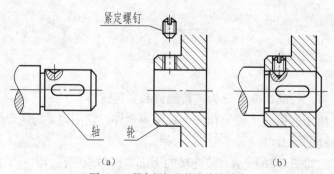

（a）　　　　　　　　　　　　（b）

图 6-27　紧定螺钉及其连接的画法

观看"螺钉连接的画法"动画，直观认识螺钉连接的画法。

4. 螺母防松

为了防止螺母松脱，保证连接的紧固，在螺纹连接中常常需要设置防松装置。常用的防松装置有弹簧垫圈防松（见图 6-28）、双螺母防松（见图 6-29）、开口销防松（见图 6-30）及外舌止动垫圈防松（见图 6-31）。

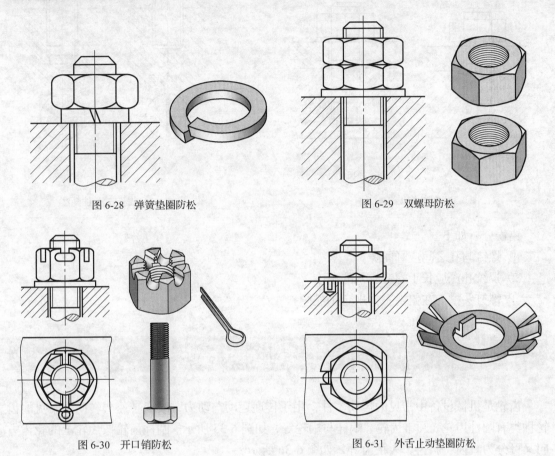

图 6-28 弹簧垫圈防松   图 6-29 双螺母防松

图 6-30 开口销防松   图 6-31 外舌止动垫圈防松

【例 6-3】 画螺纹紧固件连接图时常见的各种错误。

（1）螺栓连接（见图 6-32）。

错误分析如下。

① 两被连接件的剖面线应反向。

② 螺栓与孔之间应画出间隙。

（2）螺柱连接（见图 6-33）。

错误分析如下。

① 弹簧垫圈开口方向应向左斜。

② 螺栓旋入端的螺纹终止线未与两被连接件的接触面轮廓线平齐。

③ 紧固端螺纹终止线漏画。

④ 螺纹孔底部的画法应符合加工实际。

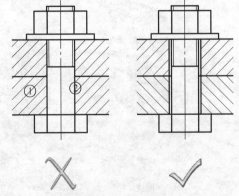

图 6-32 螺栓连接的画法

（3）螺钉连接（见图 6-34）。

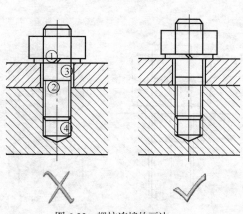

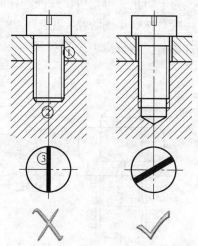

图 6-33　螺柱连接的画法　　　　　　　　图 6-34　螺钉连接的画法

错误分析如下。

① 螺钉与孔之间应画间隙。

② 螺纹孔深应长于螺钉旋入的深度。

③ 螺钉头槽沟在俯视图中规定画成倾斜 45°。

6.3　标准直齿圆柱齿轮

　　齿轮是机械设备中常见的传动零件，用于传递运动与动力，改变转速或转向。常见的齿轮种类有圆柱齿轮、圆锥齿轮、蜗杆与蜗轮等，如图 6-35 所示。圆柱齿轮按齿轮上的轮齿方向又可分为直齿、斜齿、人字齿等，如图 6-36 所示。

　　下面主要介绍渐开线直齿圆柱齿轮的结构及其画法。

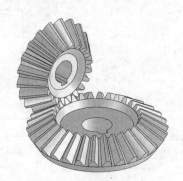
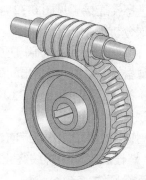

　（a）圆柱齿轮　　　　　　　　（b）圆锥齿轮　　　　　　　　（c）蜗杆与蜗轮

图 6-35　齿轮传动类型

（a）圆柱直齿轮

（b）圆柱斜齿轮

（c）圆柱人字齿轮

图 6-36　圆柱齿轮的类型

视频演示　观看"齿轮传动简介"视频，直观认识齿轮传动。

6.3.1　直齿圆柱齿轮的组成和尺寸

下面将介绍直齿圆柱齿轮的组成和尺寸关系。

1. 齿轮的主要结构

在学习直齿圆柱齿轮的组成之前，首先需要了解齿轮的结构，如图 6-37 所示。

（1）最外部分为轮缘，其上有轮齿。

（2）中间部分为轮毂，轮毂中间有轴孔和键槽。

（3）轮缘和轮毂之间通常由辐板或轮辐连接。

（4）尺寸较小的齿轮可与轴做成整体。

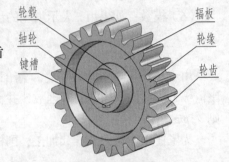
图 6-37　齿轮的结构

2. 直齿圆柱齿轮的组成和尺寸

直齿圆柱齿轮各部分的名称如图 6-38 所示，具体介绍如下。

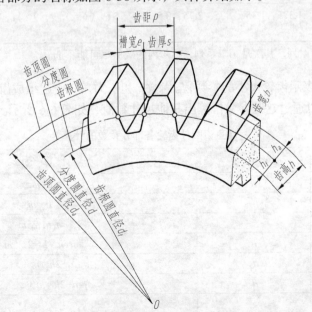
图 6-38　圆柱齿轮各部分的名称

（1）齿顶圆。通过各轮齿顶部的圆，其直径用 d_a 表示。

（2）齿根圆。通过各轮齿根部的圆，其直径用 d_f 表示。

（3）分度圆。位于齿顶圆和齿根圆之间。对于标准齿轮，分度圆上的齿厚 s 与槽宽 e 相等，其直径用 d 表示。

（4）齿高。齿顶圆和齿根圆之间的径向距离，用 h 表示。

- 齿顶圆和分度圆之间的径向距离称齿顶高，用 h_a 表示。
- 分度圆和齿根圆之间的径向距离称齿根高，用 h_f 表示。
- 齿高 $h = h_a + h_f$。

（5）齿距、齿厚和齿槽宽。

- 在分度圆上相邻两齿对应点之间的弧长称为齿距，用 p 表示。
- 在分度圆上一个轮齿齿廓间的弧长称为齿厚，用 s 表示。
- 在分度圆上相邻两个轮齿齿槽间的弧长称为槽宽，用 e 表示。
- 对于标准齿轮：$s=e$，$p=s+e$。

（6）模数：如果用 z 表示齿轮的齿数，则分度圆的周长=齿数×齿距，即

$$zp = \pi d$$
$$d = zp/\pi$$

由于 π 是无限不循环小数，会给齿轮的设计、制造及检测带来不便，所以经常人为地将比值 p/π 取为一些简单的有理数，并称该比值为模数，用 m 表示，单位是 mm。令 $m=p/\pi$，则 $d=mz$。

为了便于齿轮的设计和加工，国标中对模数做了统一规定，如表 6-5 所示。

表 6-5 　　　　　　　　　　　标准模数系列（GB/T 1357—2008）

第一系列	1，1.25，1.5，2，2.5，3，4，5，6，8，10，12，16，20，25，32，40，50
第二系列	1.125，1.375，1.75，2.25，2.75，3.5，4.5，5.5，（6.5），7，9，11，14，18，22，28，35，45

注：优先选用第一系列，其次是第二系列，括号内的数值尽可能不选。

模数 m 是一个表示齿轮大小的参数，与齿数 z 和压力角 α 一起组成齿轮的 3 个基本参数。对于标准齿轮，可以通过这些参数推算出其他尺寸数值，如表 6-6 所示。

表 6-6 　　　　　　　　　　　标准直齿圆柱齿轮各部分参数的计算

名　　称	代　　号	计　算　公　式
分度圆直径	d	$d=mz$
齿顶高	h_a	$h_a=m$
齿根高	h_f	$h_f=1.25m$
齿高	h	$h=h_a+h_f=2.25m$
齿顶圆直径	d_a	$d_a=d+2h_a=m(z+2)$
齿根圆直径	d_f	$d_f=d-2h_f=m(z-2.5)$
中心距	a	$a = \dfrac{1}{2}(d_1+d_2) = \dfrac{1}{2}m(z_1+z_2)$

动画演示　　　观看"渐开线直齿圆柱齿轮的结构"动画，直观认识渐开线直齿圆柱齿轮的结构。

6.3.2　直齿圆柱齿轮的规定画法

为提高制图效率，许多国家都制定了齿轮画法的标准，国际上也制定有 ISO 标准。中国机械制图的国家标准也对齿轮的画法做了规定。

1. 单个齿轮的规定画法

国家标准只对齿轮的轮齿部分作了规定画法，其余结构按齿轮轮廓的真实投影绘制。

单个齿轮一般用两个视图表达，或用一个视图加一个局部视图表示，通常将平行于齿轮轴线的视图画成剖视图。GB/T 4459.2—2003 对齿轮的规定画法如图 6-39 所示，要点如下。

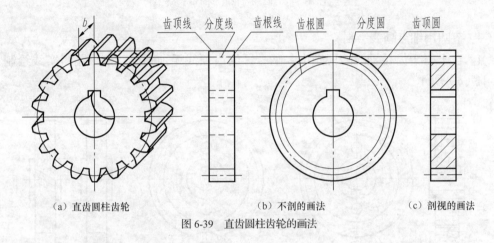

| 齿顶线 | 分度线 | 齿根线 | 齿根圆 | 分度圆 | 齿顶圆 |

（a）直齿圆柱齿轮　　　　　　（b）不剖的画法　　　　　　（c）剖视的画法

图 6-39　直齿圆柱齿轮的画法

（1）轮齿部分的齿顶圆和齿顶线用粗实线绘制。

（2）分度圆和分度线用细点画线绘制。

（3）齿根圆和齿根线用细实线绘制，也可省略不画。

（4）在剖视图中，当剖切平面通过齿轮的轴线时，轮齿一律按不剖处理，齿根线用粗实线绘制。

（5）直齿轮不做任何标记，若为斜齿或人字齿，可用 3 条与齿线方向一致的细实线表示齿线的形状，如图 6-40 所示。

动画演示　　　观看"圆柱齿轮的画法"动画，直观认识圆柱齿轮的画法。

2. 齿轮啮合的规定画法

齿轮的啮合图常用两个视图表达：一个是垂直于齿轮轴线的视图，另一个则是平行于齿轮轴线的视图或剖视图，如图 6-41 所示，要点如下。

（1）在垂直于齿轮轴线的视图中，它们的分度圆（啮合时称节圆）成相切关系。

（2）啮合区内的齿顶圆有两种画法：一种是将两齿顶圆用粗实线完整画出，如图6-41（a）所示；另一种是将啮合区内的齿顶圆省略不画，如图6-41（b）所示。

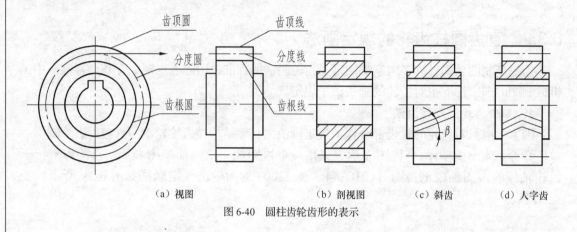

（a）视图　　　　　　　　（b）剖视图　　　　（c）斜齿　　　（d）人字齿

图 6-40　圆柱齿轮齿形的表示

（3）节圆用细点画线绘制。

（4）在平行于齿轮轴线的视图中，啮合区的齿顶线无须画出，节线用粗实线绘制，如图 6-41（c）所示。

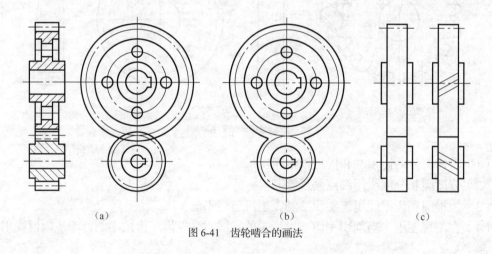

（a）　　　　　　　　　（b）　　　　　　　　（c）

图 6-41　齿轮啮合的画法

（5）在剖视图中，当剖切平面通过两啮合齿轮的轴线时，在啮合区内主动齿轮的轮齿用粗实线绘制，从动齿轮的轮齿被遮挡的部分用虚线绘制，也可省略不画。

 动画演示　观看"圆柱齿轮啮合的画法"动画，直观认识圆柱齿轮啮合的画法。

3. 齿轮图样

图 6-42 所示为圆柱齿轮的图样，图中除视图和应标注的尺寸外，还用表格列出了制造齿轮所需的参数。图中的参数表一般放置在图框的右上角，参数表中列出模数、齿数、齿形角、精度等级、检查项目等。

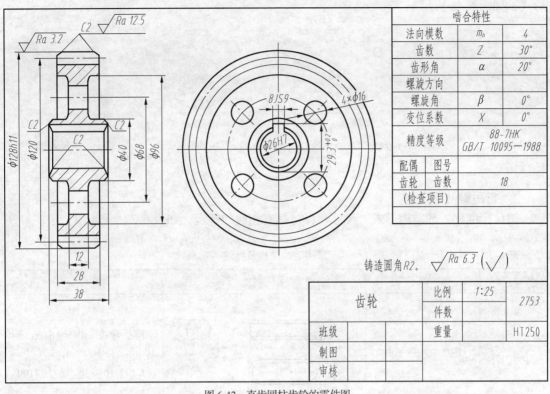

啮合特性		
法向模数	m_n	4
齿数	Z	30°
齿形角	α	20°
螺旋方向		
螺旋角	β	0°
变位系数	X	0°
精度等级		88-7HK GB/T 10095—1988
配偶	图号	
齿轮	齿数	18
（检查项目）		

铸造圆角R2。

齿轮		比例	1:25	2753
		件数		
班级		重量		HT250
制图				
审核				

图 6-42　直齿圆柱齿轮的零件图

6.4　键连接和销连接

　　键和销也是标准件。键主要用于连接轴与轴上零件（如凸轮、带轮、齿轮等），以传递转矩或导向，如图 6-43 所示。销通常用于零件间的连接或定位，是装配机器时的重要辅件，如图 6-44 所示。

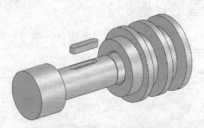

图 6-43　键连接的应用

图 6-44　销

6.4.1　常用键的标记及其连接画法

　　常用的键有普通平键、半圆键、钩头楔键等。其中，普通平键应用最广，根据其头部的结构不同可分圆头普通平键（A 型）、方头普通平键（B 型）和单圆头普通平键（C 型）3 种形式，如图 6-45 所示。

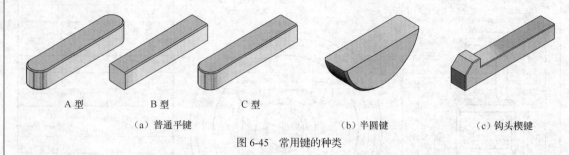

A 型　　　　B 型　　　　C 型

（a）普通平键　　　　　　　　（b）半圆键　　　　　（c）钩头楔键

图 6-45　常用键的种类

1. 常用键的标记

键已标准化，其结构形式、尺寸和标记都有相应的规定，如表 6-7 所示。

表 6-7　　　　　　　　　　　　　常用键的结构及标注

名　称	标　准　号	图　例	标　记
普通平键	GB/T 1096—2003		圆头普通平键 b=16mm，h=10mm，L=100mm： GB/T 1096 键 16×10×100
半圆键	GB/T 1099.1—2003		半圆键 b=6mm，h=10mm，d_1=25mm，L=24.5mm： GB/T 1099.1 键 6×25×24.5
钩头楔键	GB/T 1565—2003		钩头楔键 b=18mm，h=11mm，L=100mm： GB/T 1565 键 18×100

 视频演示　　观看"认识键连接"视频，直观认识键连接的分类及其应用。

2. 常用键连接的画法

在常用键的连接中，普通平键属于松键连接，如图 6-46 所示，其画法要点如下。

（1）主视图采用局部剖视图，左视图采用全剖视图。

（2）键与键槽的两侧面为配合面，画成一条线。

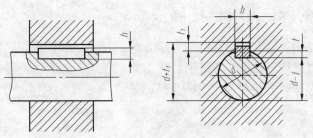

图 6-46　普通平键连接的画法

图中：b 为键宽，h 为键高，t 为轴上键槽深度，$d-t$ 表示轴上键槽深度，t_1 表示轮毂上键槽深度，$d+t_1$ 表示轮毂上键槽深度。

（3）键的顶面与轴上零件间留有一定的间隙，应画成两条线。

（4）键侧面为工作面，应接触。键的倒角或圆角省略不画。

以上代号的数值，均可根据轴的公称直径 d 从相应标准中查出。

其他常用键连接的画法如表 6-8 所示。

表 6-8　　　　　　　　　　其他常用键连接的画法

名称	连接的画法		说　明
半圆键	主视图采用局部剖视图，左视图采用全剖视图		键侧面为工作面，侧面、底面应接触。顶面有一定间隙
钩头楔键	主视图采用局部剖视图，左视图采用全剖视图		键顶面为工作面，顶面和底面应接触。两侧面应有一定间隙

动画演示

观看"键连接及其画法"动画，直观认识键连接及其画法。

6.4.2 常用销的标记及其连接画法

常用的销有圆柱销、圆锥销及开口销，如图 6-47 所示。圆柱销靠过盈固定在孔中，用以固定零件、传递动力或作定位用。圆锥销具有 1:50 的锥度，一般用于定位或连接。开口销常与槽型螺母、带孔螺栓联合使用，用来防止螺母松动。

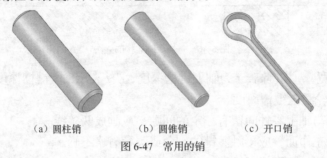

（a）圆柱销　　　　（b）圆锥销　　　（c）开口销

图 6-47　常用的销

1. 常用销的标记

常用销的结构图例和标记如表 6-9 所示。

表 6-9　　　　　　　　　　　　　　常用销的图例和标记

名称	标准号	图　　例	标　　记
圆锥销	GB/T 117 —2000	A 型（磨削）1:50　Ra 0.8　端面 Ra 6.3　d　r_1　r_2　a　l　a　B 型（车削或冷镦）Ra 3.2	圆锥销公称直径 d=10mm、公称长度 l=60mm、材料为 35 钢、热处理硬度为 HRC28～38、表面氧化处理的为 A 型销 GB/T 117 10×60（圆锥销的公称直径是指小端直径）
圆柱销	GB/T 119.1 —2000	15°　d　c　c　l	公称直径 d=8mm、公称长度 l=30mm、公差为 m6、材料为钢、不经淬火、不经表面处理的圆柱销销 GB/T 119.1 8 m6×30
开口销	GB/T 91 —2000	b　l　a　c　d	公称直径 d=5mm、长度 l=50mm、材料为低碳钢，不经表面处理的开口销销 GB/T 91 5×50（销孔的直径=公称直径）

视频演示

观看"认识销连接"视频，直观认识销连接的分类及其用途。

2. 常用销连接的画法

如图 6-48 所示，销连接的画法要点如下。

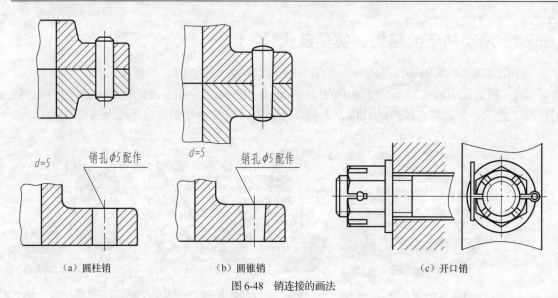

（a）圆柱销　　　　　　（b）圆锥销　　　　　　（c）开口销

图 6-48　销连接的画法

（1）由于零件上的孔是在零件装配时一起配钻的，因此需在零件图上的销孔尺寸标注上注明"配作"。

（2）销的尺寸需查阅标准选用。

（3）在剖视图中，剖切平面通过销的轴线时，销按不剖绘制；若垂直于销的轴线，则被剖切的销应画剖面线。

观看"销连接及其画法"动画，直观认识销连接及其画法。

6.5　常用滚动轴承和弹簧

日常生活中运用滚动轴承和弹簧的机件有哪些？

滚动轴承属于标准件，由于滚动轴承的摩擦阻力小，所以在生产中使用比较广泛，如图 6-49 所示。弹簧属于常用件，通常用于控制机械的运动、减震、储存能量以及控制和测量力的大小等，如图 6-50 所示。

图 6-49　滚动轴承

图 6-50　弹簧

6.5.1 滚动轴承的结构、类型及代号

在介绍滚动轴承的画法之前，先来学习一下滚动轴承的结构、类型及代号。

（1）滚动轴承的结构。滚动轴承的结构一般是由外圈、内圈、滚动体和保持架组成，如图 6-51 所示。外圈装在机座的孔内，内圈套在轴上，通常是外圈固定不动而内圈随轴转动。

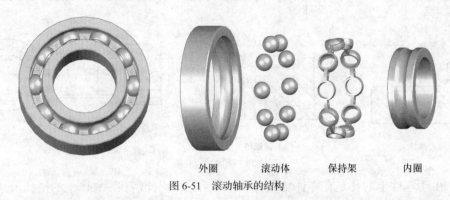

外圈　　　滚动体　　　保持架　　　内圈

图 6-51　滚动轴承的结构

（2）滚动轴承的类型。滚动轴承的类型很多，常用的主要有深沟球轴承、圆锥滚子轴承及推力球轴承，如图 6-52 所示。

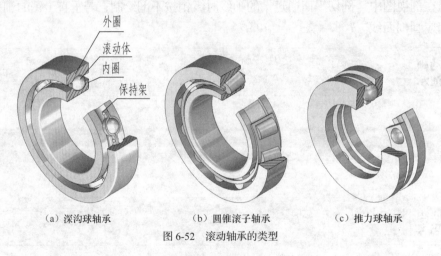

（a）深沟球轴承　　　　　　（b）圆锥滚子轴承　　　　　　（c）推力球轴承

图 6-52　滚动轴承的类型

（3）滚动轴承的代号。滚动轴承的代号由前置代号、基本代号及后置代号 3 部分组成。通常用其中的基本代号表示即可，如图 6-53 所示。

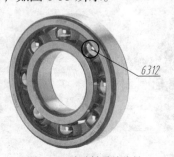

图 6-53　滚动轴承的代号

基本代号由轴承类型代号、尺寸系列代号及内径代号 3 部分自左至右顺序排列组成，表示如下。

① 类型代号。类型代号表示轴承的基本类型。各种不同的轴承类型代号可查阅有关标准或轴承手册，如表 6-10 所示。

表 6-10 轴承类型代号

代 号	轴 承 类 型	代 号	轴 承 类 型
0	双列角接触球轴承	7	角接触球轴承
1	调心球轴承	8	推力圆柱滚子轴承
2	调心滚子轴承和推力调心滚子轴承	N	圆柱滚子轴承
3	圆锥滚子轴承	NN	双列或多列圆柱滚子轴承
4	双列深沟球轴承	U	外球面球轴承
5	推力球轴承	QJ	四点接触球轴承
6	深沟球轴承		

② 尺寸系列代号。尺寸系列代号由轴承的宽（高）度系列代号和直径系列代号组合而成。宽（高）度系列代号表示轴承内、外径相同的同类轴承有几种不同的宽（高）度。直径系列代号表示内径相同的同类轴承有几种不同的外径。尺寸系列代号均可查有关标准。

③ 内径代号。内径代号表示滚动轴承的内径尺寸。当轴承内径在 20～480mm 范围内、代号数字小于 04 时，即 00、01、02、03 分别表示内径 d=10mm、12mm、15mm、17mm；代号数字≥04 时，代号数字乘以 5 即为轴承的公称内径。此时用于内径小于 480mm 的轴承，若内径不在此范围内，则内径代号另有规定，可查阅有关标准或滚动轴承手册。

 观看"滚动轴承的种类及其应用"动画，直观认识滚动轴承的种类及其应用。

【例 6-4】 滚动轴承基本代号示例。

● 轴承 6208。

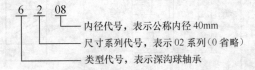

● 轴承 32032。

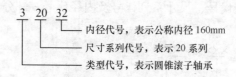

- 轴承 N1006。

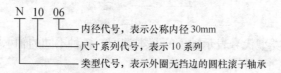

6.5.2 滚动轴承的画法

滚动轴承是标准件，其结构型式、尺寸和标记都已标准化，画图时按国家标准的规定可采用示意画法和简化画法。主要参数有 d（内径）、D（外径）、B（宽度），d、D、B 根据轴承代号在画图前查标准确定。常用滚动轴承的画法如表 6-11 所示。

表 6-11 　　　　　　　　　　　　　　常用滚动轴承的画法

轴承名称、类型及标准号	类型代号	查表主要数据	简化画法	示意画法	装配示意图
深沟球轴承 GB/T 276—1994	6	D d B			
圆锥滚子轴承 GB/T 297—1994	3	D D B T C			

续表

轴承名称、类型及标准号	类型代号	查表主要数据	简 化 画 法	示 意 画 法	装配示意图
推力球轴承 GB/T 301—1995	5	D d T			

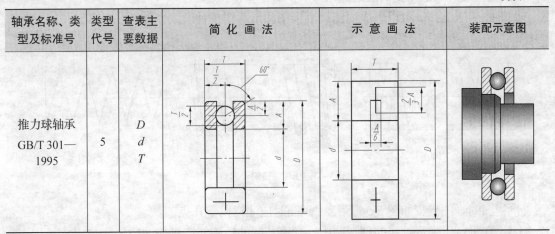

 动画演示　观看"滚动轴承的画法"动画，直观认识滚动轴承的画法。

6.5.3　弹簧的画法

弹簧是机械中的常用零件，它作为弹性元件广泛应用于缓冲、吸震、夹紧、测力、储能等机构中。弹簧的种类很多，如图 6-54 所示。

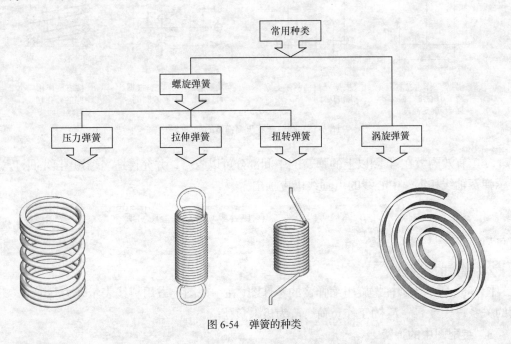

图 6-54　弹簧的种类

 视频演示　观看"弹簧简介"视频，直观认识弹簧。

1. 圆柱螺旋压缩弹簧的规定画法

圆柱螺旋压缩弹簧可以画成视图、剖视图和示意图 3 种形式，如图 6-55 所示。

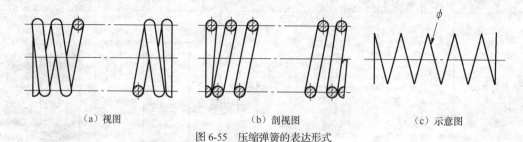

（a）视图　　　　　　　　　（b）剖视图　　　　　　　　　（c）示意图

图 6-55　压缩弹簧的表达形式

剖视图的画图步骤如图 6-56 所示，画图时应注意以下几点。

（1）在平行于弹簧轴线的剖视图中，弹簧各圈的轮廓线应画成线段。

（2）螺旋弹簧均可画成右旋，但左旋弹簧不论画成左旋或右旋，一律要注出旋向"左"字。

（3）弹簧两端的支撑圈不论多少均按图 6-56 所示绘制。

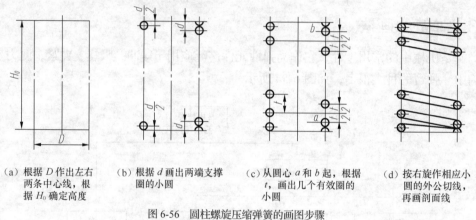

（a）根据 D 作出左右两条中心线，根据 H_0 确定高度　　（b）根据 d 画出两端支撑圈的小圆　　（c）从圆心 a 和 b 起，根据 t，画出几个有效圈的小圆　　（d）按右旋作相应小圆的外公切线，再画剖面线

图 6-56　圆柱螺旋压缩弹簧的画图步骤

（4）有效圈数在 4 圈以上的弹簧的中间部分可以省略，并允许适当缩短图形的长度，但表示弹簧轴线和钢丝中心线的点画线仍应画出。

 动画演示　　观看"弹簧的画法"动画，直观认识弹簧的画法。

2. 弹簧的零件图

图 6-57 所示为圆柱螺旋压缩弹簧的零件图，在主视图上方用斜线表示外力与弹簧变形之间的关系，代号 F_1、F_2 为工作负荷，F_j 为极限负荷。

3. 装配图中的弹簧

（1）在装配图中，被弹簧挡住的结构一般不画出，可见部分应从弹簧的外轮廓线或从弹簧钢丝的剖面中心画起，如图 6-58（a）所示。

（2）在装配图中，型材直径或厚度在图形上等于或小于 2mm 的螺旋弹簧、蝶形弹簧及片弹簧允许用示意图绘制，如图 6-58（b）所示。

　　弹簧被剖切时，剖面直径或厚度在图形上等于或小于 2mm 时也可用涂黑表示，如图 6-58（c）所示。

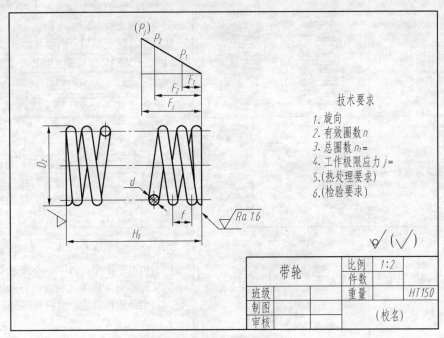

技术要求

1. 旋向
2. 有效圈数 n
3. 总圈数 $n_1 =$
4. 工作极限应力 $j =$
5. (热处理要求)
6. (检验要求)

带轮		比例	$1:2$
		件数	
班级		重量	$HT150$
制图			(校名)
审核			

图 6-57　圆柱螺旋压缩弹簧的零件图

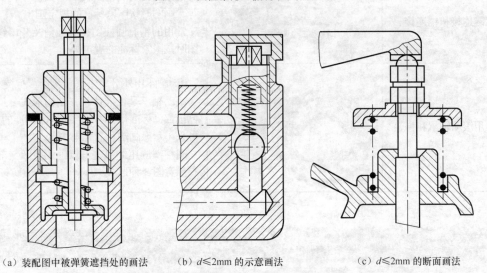

（a）装配图中被弹簧遮挡处的画法　　（b）$d \leqslant 2mm$ 的示意画法　　（c）$d \leqslant 2mm$ 的断面画法

图 6-58　装配图中螺旋弹簧的规定画法

本章小结

本章主要内容如表 6-12 所示。

表 6-12   本章主要内容

名　称	图　形	概　要
螺纹的画法及标注		绘图时，螺纹根据国家标准（GB/T 4459.1—1995）的规定绘制即可 螺纹标注应包括以下内容，即 特征代号 公称直径 × 导程(P 螺距)－公差带代号 旋合长度代号－旋向
常用螺纹紧固件		螺纹紧固件的规定标记一般包括以下内容，即 名称 标准编号 螺纹规格×公称长度 把螺栓（或螺柱、螺钉）与螺母、垫圈及被连接件装配在一起而画出的视图或剖视图称为螺纹紧固件的装配图
标准直齿圆柱齿轮		齿轮的组成主要包括齿顶圆、齿根圆、分度圆、齿高、齿距、齿厚、齿槽宽和模数 国家标准只对齿轮的轮齿部分做了规定画法，其余结构按齿轮轮廓的真实投影绘制
键连接和销连接		常用的键有普通平键、半圆键、钩头楔键等，画图时按国家标准的规定画出 常用的销有圆柱销、圆锥销及开口销，画图时按国家标准的规定画出
常用滚动轴承和弹簧		滚动轴承由外圈、内圈、滚动体及保持架组成 滚动轴承是标准件，其结构形式、尺寸和标记都已标准化，画图时按国家标准的规定，可采用示意画法和简化画法 圆柱螺旋压缩弹簧可以画成视图、剖视图和示意图 3 种形式

思考与练习

（1）螺纹要素有哪几个？它们的含义是什么？

（2）试述螺纹（包括内螺纹、外螺纹及其连接）的规定画法。

（3）简要说明普通螺纹、管螺纹及梯形螺纹的标记格式。

（4）直齿圆柱齿轮的基本参数是什么？如何根据这些基本参数计算齿轮各部分的尺寸？

（5）常用的圆柱螺旋压缩弹簧的规定画法有哪些？

第7章 零件图

机器或部件都是由零件按一定的装配关系装配而成的。图 7-1 所示的铣刀头是专用铣床上的一个部件，左边的 V 形带轮通过键连接，把动力传给阶梯轴，以带动右边的铣刀盘工作。

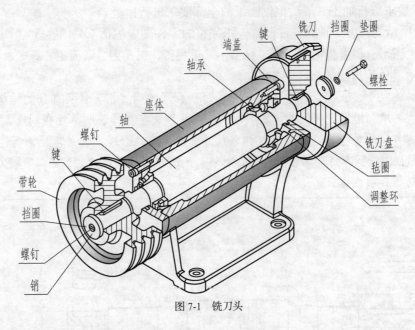

图 7-1 铣刀头

要生产一部机器时，是否同样需要以零件为基本制造单元呢？如果是，那么生产机器的顺序是否为先制造出零件再将其装配成部件和整机呢？

生产零件时都要用到表示零件结构、形状、大小及技术要求的图样，这些图样称为零件图。这些图样有哪些内容，又有哪些特点呢？

【学习目标】
- 了解零件图的内容。
- 熟悉零件图的视图选择原则和典型零件的表达方法。
- 掌握公差与配合、表面结构要求的选择与标注以及零件图的尺寸标注。
- 掌握读零件图的方法与步骤。
- 了解测绘零件的方法与步骤。

7.1 零件图的作用和内容

 问题思考 　　什么是零件？可以给零件下一个什么样的定义呢？根据零件的作用及其结构又可以分为哪几类呢？

零件是构成机器或部件的基本单元。表示零件结构、大小和技术要求的图样称为零件图，零件图是生产中重要的技术文件，是准备、制造及检验零件的依据。

在生产过程中，先根据零件的材料和数量进行备料，然后按图纸中所表达的零件形状、尺寸及技术要求进行加工，最后根据图纸的全部要求进行检验。

图 7-2 所示为铣刀头轴的零件图，一张完整的零件图应包括下列内容。

* 一组图形：根据机械制图国家标准，采用视图、剖视图、断面图、局部放大图等方法表示零件的结构形状。
* 足够的尺寸：正确、完整、清晰并尽可能合理地确定出零件各部分的结构和形状。
* 技术要求：用规定的代号、数字、字母或另加文字注释说明零件在制造、检验时应达到的各项质量指标，如表面结构、尺寸公差、形位公差、热处理要求等。
* 标题栏：说明零件的名称、件数、材料、比例、图号及设计、制图、审核人员的签名、日期等各项内容。

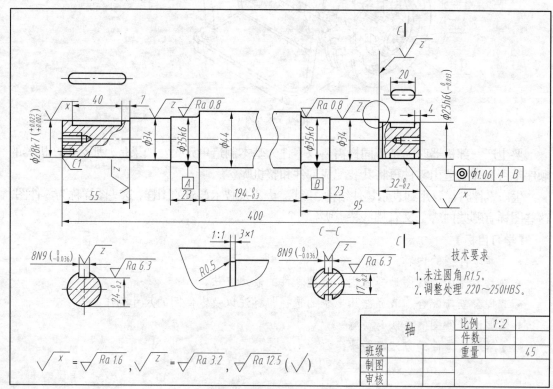

图 7-2　铣刀头轴的零件图

| 动画 演示 | 观看"零件图的构成和用途"动画，直观认识零件图的构成和用途。 |

7.2 零件图的视图表达方案

| 问题 思考 | 如果把绘制零件图比喻成照相，而选择视图表达方案就像是在选择拍摄的角度。请有照相机的同学尝试从不同的角度给同学照相，观察照片上的不同结果，并讨论这是为什么？ |

零件图视图的选择原则：在考虑看图方便的前提下，根据零件的结构特点采用适当的表示方法，以完整、清晰地表示出零件各部分的结构形状和相对位置，并力求画图简便。

7.2.1 主视图的选择

主视图是表达零件结构和形状最重要的视图，选择主视图要考虑零件的安放位置和投射方向，需遵循以下原则。

1. 形状特征原则

以最能反映零件形状特征的方向进行投影。表 7-1 所示为主视图选择示例。

表 7-1　　　　　　　　　　　　　　主视图选择示例

主 视 方 向	主 视 图	符 合
主视方向		形状特征原则 加工位置原则 工作位置原则
主视方向		形状特征原则 工作位置原则

续表

主 视 方 向	主 视 图	符 合
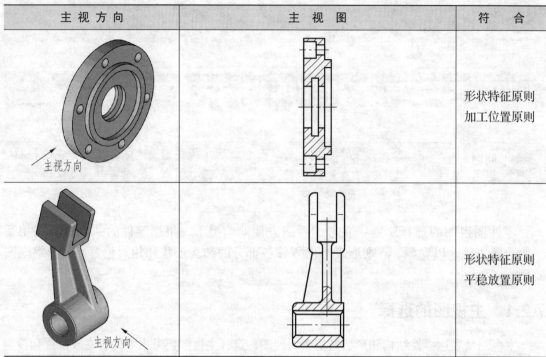		形状特征原则 加工位置原则
		形状特征原则 平稳放置原则

2. 加工位置原则

主视图应尽量表示零件在加工时所处的位置，以便于加工时读图。轴套类、盘盖类等主要由回转体组成的零件其主要加工方法为车削和磨削，加工时工件轴线多处于水平位置，所以画这类零件时主视图通常将轴线水平放置，如图 7-2 所示。

3. 工作位置原则

主视图应尽量表示零件在机器中的工作位置或安装位置。叉架类和箱体类零件形状复杂、加工工序多，一般按工作位置放置，并按形状特征原则选择主视方向。按工作位置画图便于想象零件的工作情况。

4. 平稳放置原则

如果零件的工作位置是倾斜的或者在机器中是运动的、无固定的工作位置，且加工工序较多、很难满足工作位置和加工位置原则，则将其平稳放置，并遵循形状特征原则选择主视图。

7.2.2 其他视图的选择

其他视图要根据零件的内、外形状特征及主视图的表达而定。将主视图上未表达清楚的部分分散在其他视图中表达，使每个视图都有表达的重点，各视图之间相互补充、相互配合，并在充分表达零件结构形状的前提下尽量减少视图数量。

图 7-3 所示为微型叶片泵的泵盖零件图，其中主视图轴线水平放置，符合其在车床上的加工位置，并采用全剖；右视图主要反映该零件的外形轮廓及销孔、沉孔的分布；左视图反映该零件左端开的弧形槽，并用 C—C 剖视表示槽深。

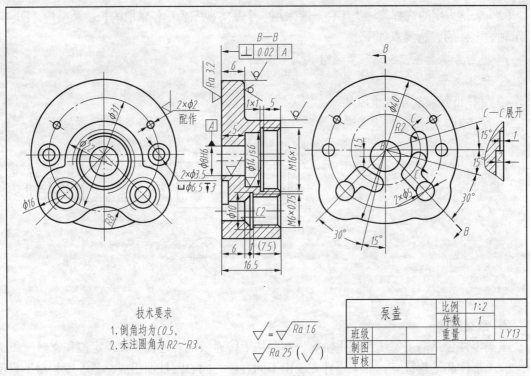

图 7-3 泵盖零件图

7.2.3 典型零件的表达方法

零件按照形状、用途可分为轴套类、盘盖类、叉架类、箱体类等，由于各类零件的形状特征及加工方法不同，因此视图选择也有所不同。

1. 轴类零件

轴类零件用于支撑传动零件并传递运动和动力，主要在车床、磨床上加工。

（1）形体和结构特点。轴类零件通常由各段不同直径的圆柱或圆锥组成，其上多有键槽、销孔、退刀槽、砂轮越程槽、倒角、倒圆、螺纹等工艺结构，如图 7-4 所示。

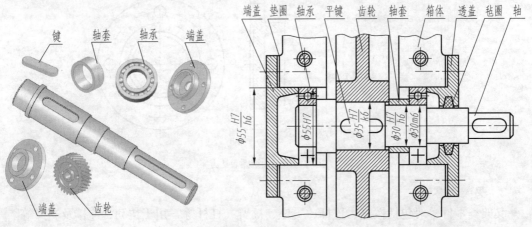

图 7-4 轴系分解图

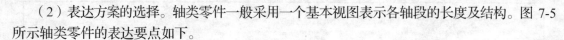

（2）表达方案的选择。轴类零件一般采用一个基本视图表示各轴段的长度及结构。图 7-5 所示轴类零件的表达要点如下。

- 投射方向为图 7-5 左图所示 *A* 向。
- 轴线水平放置，便于看图。
- 用移出断面表示键槽深度。
- 必要时，用局部放大图表示局部结构。

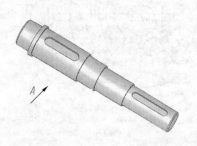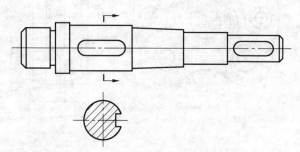

图 7-5　齿轮轴的表达方案

2. 盘类零件

盘类零件包括端盖、法兰、手轮等，主要用于传递扭矩、连接支撑及定位和密封。

（1）形体和结构特点。盘类零件主要由不同直径的同心圆柱面组成，其厚度相对于直径小得多，呈盘状，周边常分布一些孔、槽等，通常还有沉孔、止口、凸台、轮辐等结构。

（2）表达方案的选择。盘类零件的主要表面多在车床上加工，因此，按加工位置和轴向结构形状特征选择主视图，并多用剖视图来表达机件的内部结构。一般需采用两个基本视图。

图 7-6 所示盘类零件的表达要点如下。

- 安放状态符合加工状态，轴线水平放置。
- 投射方向如图 7-6 左图所示 *A* 向。
- 通常采用全剖视图。
- 用左视图表达孔、槽的分布情况。

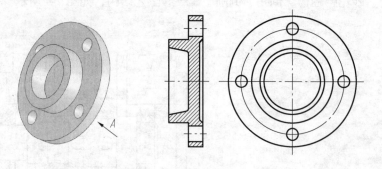

图 7-6　端盖的视图表达方案

3. 叉架类零件

叉架类零件一般包括拨叉、连杆、支座、摇臂、杠杆等，用于传动、连接及支撑等。

（1）形体和结构特点。叉架类零件主要由支撑部分、工作部分和连接部分组成，一般带有圆孔、螺孔、油孔、凸台、凹坑等结构。这类零件通常不规则，加工位置多变，有的甚至没有确定的工作位置，一般为铸件或锻件，加工时要经过车、铣、刨等多道工序。

（2）表达方案的选择。一般按工作位置和形状特征原则画主视图，大多采用局部剖视图表达内、外结构形状，倾斜结构往往采用斜视图、斜剖视图及断面图来表示。

图 7-7 所示叉架类零件的表达要点如下。

- 采用主、左两个基本视图并作局部剖视，以表达主体的结构形状。
- A 向斜视图和 B—B 移出断面图分别表达圆筒上面拱形凸台的形状及肋板的断面。

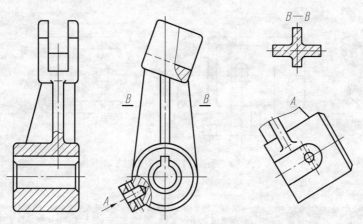

图 7-7　支架零件的视图表达方案

4. 箱体类零件

箱体类零件结构比较复杂，一般为机器或部件的主体，用于容纳、支撑和保护运动零件或其他零件，也起定位和密封的作用。

（1）形体和结构特点。箱体类零件一般具有较人的空腔，箱壁上常有轴承孔，有安装底板、凸台、凹坑等结构。

（2）表达方案的选择。箱体类零件的结构形状和加工情况比较复杂，一般需要两个以上的基本视图，并根据需要选择合适的视图、剖视图及断面图来表达其复杂的内、外部结构。

图 7-8 所示箱体零件的表达要点如下。

- 该零件的内、外部结构形状均需要表达。零件没有对称性，故不能采用半剖视。
- 主视图采用局部剖视图，主要表达形体内、外结构形状。
- 左视图采用全剖视图，主要表达内部孔的通路及法兰盘与阀体的连接情况。
- 俯视图采用 A—A 剖视图，重点表达底板的形状特征、长圆形孔的形状、位置及阀体的壁厚。
- B 向局部视图用于表达底板凹槽的形状特征。
- 由于左视图内、外形表达发生冲突，因此增加了一个 D 向视图用以表达方形端面的外形及其上连接孔的分布。
- 为表达法兰的形状特征，增加了一个 C—C 剖视图。

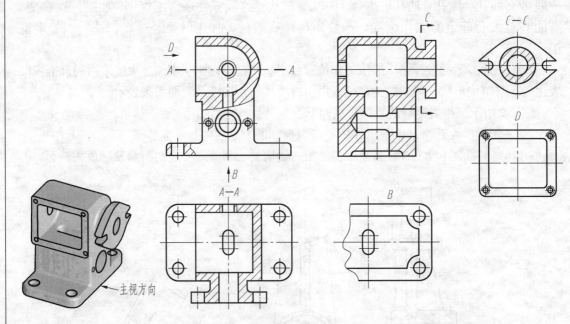

图 7-8　箱体零件的视图表达方案

7.3　零件图的尺寸标注

尺寸是加工与检验零件的依据。尺寸标注既要符合零件的设计性能要求，又要满足工艺要求，以便于加工和检测。标注零件尺寸时应做到 4 项要求：正确、完整、清晰及合理。

7.3.1　尺寸基准的选择

标注和测量尺寸的起点称为尺寸基准。尺寸基准的选择是根据零件在机器中的位置与作用、加工过程中的定位、测量等要求来考虑的。

1. 设计基准

设计基准是设计时用以确定零件在部件中位置的基准。例如，用来确定零件在机器中相对位置的接触面、对称面及回转面的轴线等。

如图 7-9 所示的轴承架，在机器中是用接触面Ⅰ、Ⅲ和对称面Ⅱ来定位的，以保证轴孔 $\phi 20^{+0.033}_{0}$ 的轴线与另一侧对称位置上轴孔的轴线在同一直线上。因此，上述 3 个平面是轴承架的设计基准。

2. 工艺基准

工艺基准常用于确定零件在机床上加工时的装夹位置或者用于测量零件尺寸。

如图 7-10 所示的轴套零件，在车床上加工时，用其左端的大圆柱面来定位；而测量轴向尺寸 a、b、c 时，则以右端面为起点，因此，这两个面都是工艺基准。

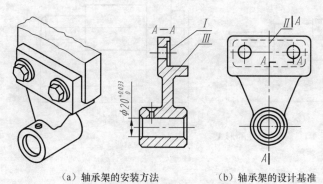

（a）轴承架的安装方法　　（b）轴承架的设计基准

图 7-9　轴承架的设计基准

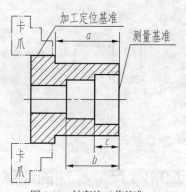

图 7-10　轴套的工艺基准

要点提示　　从设计基准出发标注尺寸，能保证设计要求；从工艺基准出发标注尺寸，则便于加工和测量。因此，最好使工艺基准和设计基准重合。当设计基准和工艺基准不重合时，所注尺寸应在保证设计要求的前提下，满足工艺要求。

动画演示　　观看"尺寸基准的选择及案例"动画，直观认识尺寸基准的选择方法。

7.3.2　尺寸配置的形式

由于零件的设计、工艺要求不同，因此尺寸基准的选择也不尽相同。零件图上的尺寸配置形式主要有以下 3 种。

1. 链式尺寸

把同一方向的一组尺寸依次首尾相接，称为链式尺寸，如图 7-11（a）所示。

优点：能保证每一段尺寸的精度要求，前一段尺寸的加工误差不影响后一段。

缺点：各段的尺寸误差累计在总体尺寸上，总体尺寸的精度得不到保证。

在机械制造业中，链式常用于标注中心之间的距离、阶梯状零件中尺寸要求十分精确的各段及用组合刀具加工的零件。

2. 坐标式尺寸

同一方向的一组尺寸从同一基准出发进行标注，称为坐标式尺寸，如图 7-11（b）所示。

优点：各段尺寸的加工精度只取决于本段的加工误差，不会产生累计误差。

当需要从一个基准定出一组精确的尺寸时经常采用这种方法。

3. 综合式尺寸

综合式尺寸具有链式和坐标式的优点，能适应零件的设计要求和工艺要求，是最常用的一种标注形式，如图 7-11（c）所示。

设计中单纯采用链式或坐标式标注尺寸是极少见的，用得最多的是综合式。

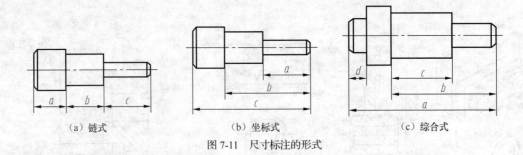

（a）链式　　　　　　　　（b）坐标式　　　　　　　（c）综合式

图 7-11　尺寸标注的形式

7.3.3　尺寸标注的注意事项

在零件图上标注尺寸时，应注意以下内容。

1. 重要尺寸必须直接标出，以保证设计要求

凡影响部件或机器性能的尺寸、有配合要求的尺寸、确定零件在部件中准确位置的尺寸、重要的结构尺寸以及安装尺寸等均属于主要尺寸。如图 7-12 中所示的中心距、中心高是主要尺寸，不能由计算间接得到，否则会产生累计误差。

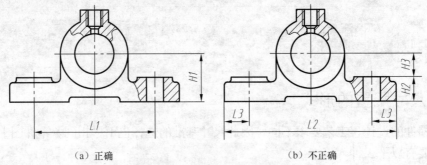

（a）正确　　　　　　　　　　　　（b）不正确

图 7-12　重要尺寸直接标出

2. 不要将尺寸注成封闭的尺寸链

封闭尺寸链是指尺寸线首尾相接，绕成一整圈的一组尺寸。图 7-13（a）所示的阶梯轴，总长尺寸 A 与各轴段的长度尺寸 B、C、D 就构成了一个封闭尺寸链。这种情况应该避免，因为尺寸链中任一尺寸的位置误差，都等于其他各尺寸误差之和，而要同时满足各尺寸精度的要求是不可能的。因此，在标注尺寸时，应选取不重要的轴段空出不标注，以保证其他重要尺寸的精度，如图 7-13（b）所示。

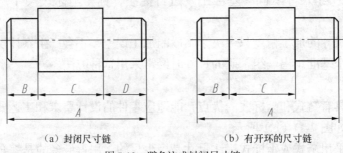

（a）封闭尺寸链　　　　　　　　　（b）有开环的尺寸链

图 7-13　避免注成封闭尺寸链

3．尽量按加工顺序标注尺寸

图 7-14 所示为一轴的尺寸标注，图 7-15 所示为该轴的加工顺序，由于先车退刀槽后车外圆及倒角，故应该把退刀槽的尺寸标注出来。

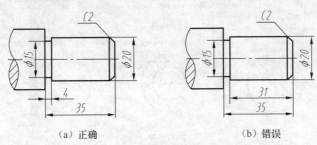

（a）正确　　　　　　　　　　　　（b）错误

图 7-14　轴的尺寸标注举例

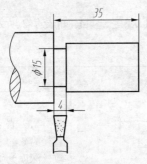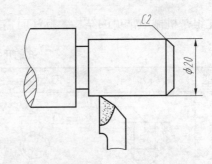

步骤一：车4×ϕ15退刀槽　　　　　　　　　步骤二：车ϕ20外圆及倒角

图 7-15　轴的加工顺序

4．尺寸标注要便于检验和测量

尺寸标注不仅要符合零件加工的要求，而且在制造过程中应便于测量。

如图 7-16（b）所示的尺寸标注难以测量准确，所以不合理，应改为图 7-16（a）所示的尺寸标注。图 7-17 所示为深度尺寸的合理与不合理标注的对比。

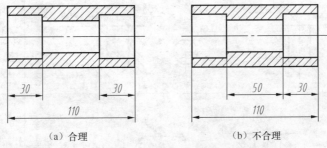

（a）合理　　　　　　　　　　　　（b）不合理

图 7-16　阶梯孔尺寸标注

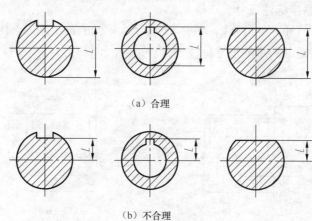

(a) 合理

(b) 不合理

图 7-17 键槽深度尺寸标注

7.3.4 孔的尺寸标注

孔或孔组是机械中常见的结构，标注时需遵循统一的规定，具体如表 7-2 所示。

表 7-2 孔的尺寸标注

结 构 类 型		尺 寸 标 注	说 明
螺孔	不通孔		3×M6 表示螺纹公称直径为 6 的 3 个螺纹孔，攻丝深度为 18
	通孔		3×M6 表示螺纹公称直径为 6 的 3 个螺纹通孔
光孔	圆柱孔		3×φ6 表示直径为 6 的 3 个圆柱孔，钻孔深度为 25
	圆锥孔		锥销孔 φ4 表示销孔小端孔直径为 4

续表

结构类型		尺寸标注	说　明
沉孔	锥形沉孔	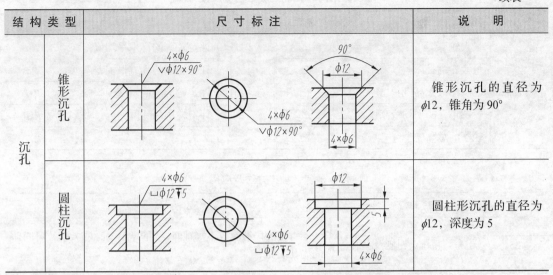	锥形沉孔的直径为ϕ12，锥角为90°
	圆柱沉孔		圆柱形沉孔的直径为ϕ12，深度为5

提示："⌴"表示孔深，"⊔"表示沉孔或锪孔，"⌵"表示锥形沉孔。

7.4　零件图的技术要求

　标注完尺的零件图是否就是完整的零件图了呢？想一想零件从加工到检验结束的过程中还有哪些要求需要注明？零件图还应该标注哪些内容？

7.4.1　表面结构表示法

零件加工时，由于零件和刀具间的运动和摩擦、机床的震动以及零件的塑性变形等各种原因，常导致零件的表面存在着许多微观高低不平的峰谷，如图 7-18 所示。

1. 零件表面结构的内容

表面结构要求包括粗糙度、波纹度，原始轮廓等参数。国家标准 GB/T 131—2006、GB/T 3505—2009 等规定了零件表面结构的表示法，涉及表面结构的轮廓参数是 R 轮廓（粗糙度参数）、W 轮廓（波纹度参数）和 P 轮廓（原始轮廓参数）。

图 7-18　零件表面的不平分布

表面结构对零件的配合、耐磨性、抗腐蚀性、密封性和外观都有影响。应根据机器的性能要求，恰当地选择表面结构参数及数值。

2. 表面结构的 R 轮廓参数简介

表面结构的 R 轮廓参数名称及代号如表 7-3 所示。

生产中常用的评定参数为 Ra（轮廓算数平均偏差），Rz（轮廓的最大高度），数值愈小，表面愈平整光滑，反之则愈粗糙。表 7-4 所示为 Ra 数值、加工方法及应用。

表 7-3 　　　　　　　　　　　表面结构的 **R** 轮廓参数名称及代号

参 数		代号	参 数		代号
峰谷值	最大轮廓峰高	Rp	平均值	评定轮廓的算术平均偏差	Ra
	最大轮廓谷深	Rv		评定轮廓的均方根偏差	Rq
	轮廓的最大高度	Rz		评定轮廓的偏斜度	Rsk
	轮廓单元的平均线高度	Rc		评定轮廓的陡度	Rku
	轮廓的总高度	Rt			

表 7-4 　　　　　　　　　　　**Ra** 数值、加工方法及应用

Ra	加 工 方 法	应 用 举 例
50 25 12.5	粗车、粗铣、粗刨及钻孔等	不重要的接触面或不接触面,如凸台顶面、穿入螺纹紧固件的光孔表面
6.3 3.2 1.6	精车、精铣、精刨及铰钻等	较重要的接触面、转动和滑动速度不高的配合面和接触面,如轴套、齿轮端面、键及键槽工作面
0.8 0.4 0.2	精铰、磨削及抛光等	要求较高的接触面、转动和滑动速度较高的配合面和接触面,如齿轮工作面、导轨表面、主轴轴颈表面及销孔表面
0.1 0.05 0.025 0.012 0.008	研磨、超级精密加工等	要求密封性能较好的表面、转动和滑动速度极高的表面,如精密量具表面、气缸内表面、活塞环表面及精密机床的主轴轴颈表面等

3. 表面结构的图形符号与代号

在产品的技术文件中对表面结构的要求可用几种不同的图形符号表示,每种符号都有特定的意义。

(1)表面结构的图形符号。基本图形符号由两条不等长的与标注面成 60° 夹角的线段构成,其画法如图 7-19(a)所示。图 7-19(b)所示符号水平线的长度取决于其上下所标注内容的长度。表面结构图形符号的尺寸如表 7-5 所示。表面结构图形符号的名称和含义如表 7-6 所示。

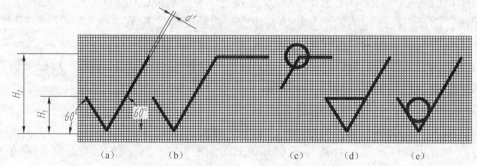

（a）　　　　（b）　　　　　（c）　　　（d）　　　（e）

图 7-19 基本图形符号及其附加部分的画法

表 7-5 表面结构图形符号的尺寸

数字与字母的高度 h	2.5	3.5	5	7	10	14	20
符号宽度 d' 字母线宽	0.25	0.35	0.5	0.7	1	1.4	2
高度 H_1	3.5	5	7	10	14	20	28
高度 H_2（最小值）	7.5	10.5	15	21	30	42	60

表 7-6 表面结构图形符号的名称及含义

符 号	名 称	含 义
√	基本图形符号	未指定加工方法的表面，当通过注释时可以单独使用
√	扩展图形符号	用去除材料的方法获得的表面，仅当其含义为"被加工表面"时可单独使用
√		用不去除材料的方法获得的表面，也可用于保持上道工序形成的表面，不管这种状况是通过去除材料或不去除材料形成的
√√√	完整图形符号	对基本符号和扩展符号的扩充，用于对表面结构有补充要求的标注
√√√		表示在图样某个视图上构成封闭轮廓的各表面有相同的表面结构要求
$\begin{array}{c} c \\ a \\ e \, \sqrt{\ d\ \ b} \end{array}$	补充要求的注写	位置 a：注写表面结构的单一要求 位置 a 和 b：注写两个或多个要求 位置 c：注写加工方法 位置 d：注写表面纹理和方向 位置 e：注写加工余量

（2）表面结构代号。表面结构代号包括图形符号、参数代号、相应的数值等其他有关规定。GB/T 131—2006 规定了特征参数 Ra 的代号标注如表 7-7 所示。

表 7-7 Ra 值的代号标注

代 号	意 义	代 号	意 义
$\sqrt{\ Ra\ 3.2}$	用任何方法获得的表面粗糙度，Ra 的上限值为 3.2μm	$\sqrt{\begin{array}{l}Ra\ 3.2max\\Ra\ 1.6min\end{array}}$	用去除材料的方法获得的表面粗糙度，Ra 的最大值为 3.2μm，Ra 的最小值为 1.6μm
$\sqrt{\ Ra\ 3.2}$	用去除材料的方法获得的表面粗糙度，Ra 的上限值为 3.2μm	$\sqrt{2.5}$	取样长度为 2.5mm，若按标准选用，则在图样上可省略标注
$\sqrt{\ Ra\ 3.2}$	用不去除材料的方法获得的表面粗糙度，Ra 的上限值为 3.2μm	$\sqrt{Sm0.05}$	其他评定参数的注法
$\sqrt{\begin{array}{l}Ra\ 3.2\\Ra\ 1.6\end{array}}$	用去除材料的方法获得的表面粗糙度，Ra 的上限值为 3.2μm，Ra 的下限值为 1.6μm	$\sqrt{铣}$	加工方法规定为铣削

4. 表面结构的文本表示

文本中用图形符号表示表面结构比较麻烦，因此，国家标准规定允许用文字的方式表示表面结果要求，如表 7-8 所示。

表 7-8   表面结构的文本表示

序　号	代　号	含　义	标 注 示 例
1	APA	允许用任何工艺获得	APARa0.8
2	MRR	允许用去除材料的方法获得	MRRRa0.8
3	NMR	用不去除材料的方法获得	NMRRa0.8

5. 表面结构要求在图样上的标注规范

要求一个表面一般只标注一次，并尽可能注在相应的尺寸及其公差的同一视图上。除非另有说明，所标注的表面结构要求是对完工零件表面的要求。标注示例如表 7-9 所示。

表 7-9   表面结构要求标注示例

序　号	标 注 规 则	标 注 示 例
1	表面结构的注写和读取方向与尺寸的注写和读取方向一致	Rz 3.2　Ra 0.8　Rz 12.5　Rp 1.6
2	表面结构要求可标注在轮廓线上，其符号应从材料外指向并接触材料表面	Rz 12.5　Rz 6.3　Ra 1.6　Ra 1.6　Rz 12.5　Rz 6.3
3	可用带箭头或黑点的指引线引出标注	铣 Rz 3.2　车 Rz 3.2　$\phi28$
4	在不引起误解时，表面结构要求可以标注在给定的尺寸线上	$\phi120H7$ Rz 12.5　$\phi120h6$ Rz 6.3

序　号	标 注 规 则	标 注 示 例
5	表面结构要求可标注在形位公差框格的上方	
6	表面结构要求可以直接标注在延长线上	
8	有相同表面结构要求的简化注法	在圆括号内给出无任何其他标注的基本符号
		在圆括号内给出不同的表面结构要求
9	多个表面有共同要求的注法	用带字母的完整符号的简化注法
		只用表面结构符号的简化注法

观看"表面结构表示法"动画,直观认识零件表面结构的标注规范及技巧。

7.4.2 极限与配合

针对零件互换性的概念,请同学们举例说说自己日常生活中见到过的互换性的例子。

极限与配合是零件图和装配图中的一项重要的技术要求，也是产品检验的技术指标。它们的应用几乎涉及国民经济的各个部门，对机械工业更具有重要的作用。

1. 零件的互换性

从一批相同的零件中任取一件，不经修配就能立即装到机器上并能保证使用要求，这种性质称为互换性。显然，机械零件具有互换性，既能满足各生产部门广泛协作的要求，又能进行高效率的专业化生产。

2. 配合制

配合是相结合的孔、轴之间的关系。若两者位置都不固定，则变化很多，因此，国家标准规定了两种基准制：基轴制和基孔制。

（1）基孔制。基孔制是基本偏差为一定的孔的公差带与不同基本偏差的轴的公差带形成的各种配合。基孔制的孔为基准孔，基本偏差代号为 H。图 7-20 所示为采用基孔制所得到的各种配合。

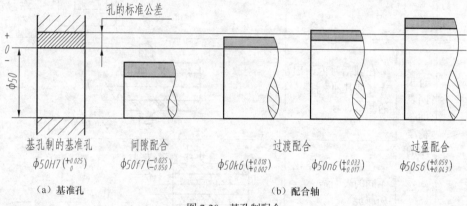

$\phi 50$

基孔制的基准孔	间隙配合	过渡配合		过盈配合
$\phi 50H7\left(^{+0.025}_{0}\right)$	$\phi 50f7\left(^{-0.025}_{-0.050}\right)$	$\phi 50k6\left(^{+0.018}_{+0.002}\right)$	$\phi 50n6\left(^{+0.033}_{+0.017}\right)$	$\phi 50s6\left(^{+0.059}_{+0.043}\right)$
（a）基准孔			（b）配合轴	

图 7-20 基孔制配合

（2）基轴制。基轴制是基本偏差为一定的轴的公差带与不同基本偏差的孔的公差带形成的各种配合。基轴制的轴为基准轴，基本偏差代号为 h。图 7-21 所示为采用基轴制所得到的各种配合。

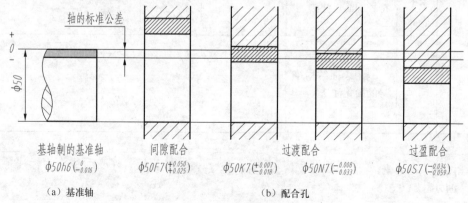

$\phi 50$

基轴制的基准轴	间隙配合	过渡配合		过盈配合
$\phi 50h6\left(^{0}_{-0.016}\right)$	$\phi 50F7\left(^{+0.050}_{+0.025}\right)$	$\phi 50K7\left(^{+0.007}_{-0.018}\right)$	$\phi 50N7\left(^{-0.008}_{-0.033}\right)$	$\phi 50S7\left(^{-0.034}_{-0.059}\right)$
（a）基准轴			（b）配合孔	

图 7-21 基轴制配合

要点提示　　一般情况下，优先选用基孔制配合，因为在同一公差等级下，加工孔比加工轴要困难些。只有在会带来明显的经济效益时，才采用基轴制。不过，当同一轴径的不同位置上有不同的配合要求时，也选用基轴制。

3. 配合代号及其在图样上的标注

在装配图上常需要标注配合代号。配合代号由形成配合的孔、轴公差带代号组成，在基本尺寸右边写成分数的形式，分子为孔的公差带代号，分母为轴的公差带代号，其注写形式如图 7-22（a）～图 7-22（c）所示。有时也采用极限偏差的形式标注，如图 7-22（d）所示。与轴承相配合的轴承内、外圈的公差带代号不写，标注如图 7-22（e）所示。

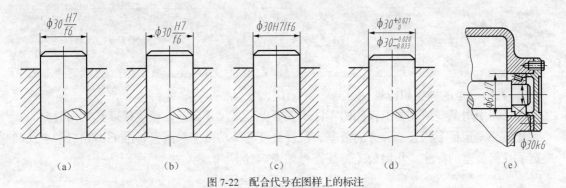

（a）　　　　　（b）　　　　　（c）　　　　　（d）　　　　　（e）

图 7-22　配合代号在图样上的标注

4. 尺寸公差在零件图中的标注

尺寸公差在零件图中的标注有以下 3 种形式：

（1）注出尺寸和公差带代号，如 $\phi 30H8$、$\phi 30f7$，适用于大批量生产，如图 7-23（a）所示。

（2）注出公称尺寸及上、下极限偏差，如 $\phi 30^{+0.033}_{0}$、$\phi 30^{+0.020}_{-0.041}$，适用于单件小批量生产，如图 7-23（b）所示。

（3）注出公称尺寸，同时注出公差带代号及上、下极限偏差，偏差数值注在尺寸公差带代号之后，并加圆括号。例如，$\phi 30H8(^{+0.033}_{0})$、$\phi 30f7(^{+0.020}_{-0.041})$，适用于批量不定的情况，如图 7-23（c）所示。

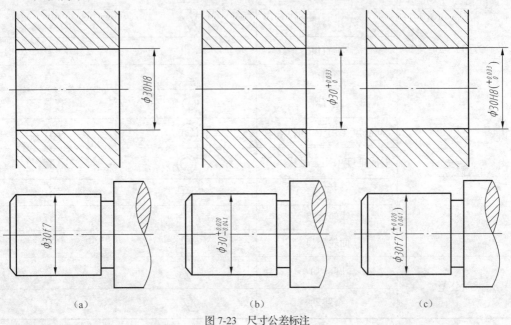

（a）　　　　　　　　（b）　　　　　　　　（c）

图 7-23　尺寸公差标注

观看"极限与配合"动画,直观认识极限与配合的概念及其在零件图上的标注方法。

7.4.3 几何公差

 在实际生产中,一个轴类零件的轴线能加工到绝对平直吗?轴类零件的左右端面能加工到绝对平行吗?如果不能,应该如何限制这些误差,使之符合使用要求?

1. 几何公差的种类和符号

在机器中对某些精度要求较高的零件不仅要保证其尺寸公差,还要保证其几何公差。

几何公差包括形状公差、方向公差、位置公差和跳动公差。国家标准 GB/T 1182—2008 规定了几何公差的标注。几何公差特征符号如表 7-10 所示。

表 7-10 几何公差特征符号

公 差 分 类	几 何 特 征	符 号	有 无 基 准
形状公差	直线度	——	无
	平面度	▱	无
	圆度	○	无
	圆柱度	⌀	无
	线轮廓度	⌒	无
	面轮廓度	⌓	无
方向公差	平行度	//	有
	垂直度	⊥	有
	倾斜度	∠	有
位置公差	位置度	⊕	有或无
	同心度（用于中心点）	◎	有
	同轴度（用于轴线）	◎	有
	对称度	≡	有
	线轮廓度	⌒	有
	面轮廓度	⌓	有
跳动公差	圆跳动	↗	有
	全跳动	↗↗	有

2．几何公差标注

几何公差的标注包含以下内容。

（1）几何公差框格。几何公差要求注写在划分成两格或多格的矩形框内。各格自左至右依次标注以下内容。

- 几何特征符号。
- 公差值。如果公差带为圆形或圆柱形，公差值前应加注符号"ϕ"；如果公差带为圆球形，公差值前应加注"$S\phi$"。
- 基准，用一个字母或用几个字母表示基准体系或公共基准。

图 7-24 所示为框格的几种情况。

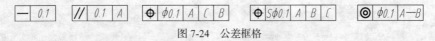

图 7-24　公差框格

（2）被测要素。当被测要素为线或表面时，指引线箭头应指在该要素的轮廓线或其延长线上，并应明显地与该要素的尺寸线错开，如图 7-25 所示。

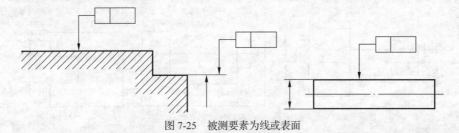

图 7-25　被测要素为线或表面

 要点提示　当被测要素为轴线、球心或中心平面时，指引线箭头应与该要素的尺寸线对齐，如图 7-26 所示。当被测要素相同且有不同公差项目时，可以把框格叠加在一起，如图 7-27 所示。

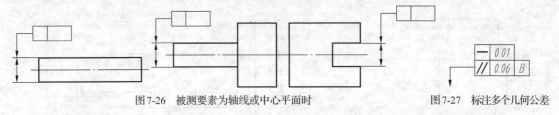

图 7-26　被测要素为轴线或中心平面时　　　　图 7-27　标注多个几何公差

（3）基准要素。基准要素用基准符号表示，GB/T 1182—2008 规定的基准符号的画法如图 7-28 所示。当基准要素是轮廓线或轮廓面时，基准三角形放置在要素的轮廓线或其延长线上，与尺寸线明显错开，如图 7-29（a）所示。基准三角形也可放置在该轮廓面引出线的水平线上，如图 7-29（b）所示。

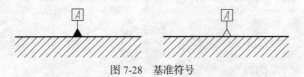

图 7-28　基准符号

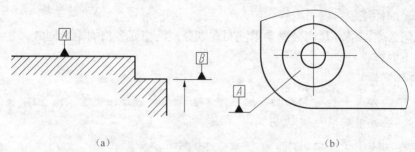

图 7-29　基准为轮廓线或轮廓面

 要点提示　　当基准要素是确定的轴线、中心平面或中心点时，基准三角形应放置在该尺寸线的延长线上，如图 7-30 所示。如果没有足够的位置标注基准要素的两个尺寸箭头，则其中一个箭头可用基准三角形代替。

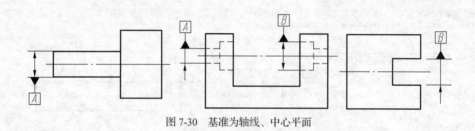

图 7-30　基准为轴线、中心平面

【例 7-1】　识读图 7-31 中所示各几何公差的含义。

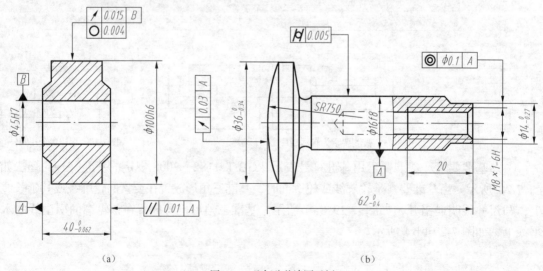

图 7-31　几何公差读图示例

图 7-31 所示几何公差的含义如表 7-11 所示。

表 7-11 综合标注示例说明

图 号	标注代号	含 义
7-31 (a)	⌿ 0.015 B	表示 $\phi 100h6$ 外圆柱面对 $\phi 45H7$ 孔的轴心线的圆跳动公差为 0.015
	○ 0.004	表示 $\phi 100h6$ 外圆柱面的圆度公差为 0.004
	∥ 0.01 A	表示机件两端面之间平行度公差为 0.01
7-31 (b)	⌭ 0.005	表示 $\phi 16f8$ 圆柱面的圆柱度公差为 0.005
	◎ $\phi 0.1$ A	表示 $M8 \times 1$ 螺孔的轴心线对 $\phi 16f8$ 轴线的同轴度公差为 $\phi 0.1$
	⌿ 0.03 A	表示 $SR750$ 的球面对 $\phi 16f8$ 轴线的圆跳动公差为 0.03

观看"几何公差"动画，直观认识几何公差的含义、应用及其在零件图上的标注方法。

7.5 零件工艺结构

一个机械零件通常首先通过铸造、锻压、焊接等方法制造毛坯，再通过金属切削加工生成精度较高的零件。由于各种制造方法都有特有的工艺特点，因此，在零件上都具有一些特殊的工艺结构。

*7.5.1 铸造工艺结构

铸件由于其生产工艺的特殊性，其上通常具有以下结构。

1. 起模斜度

为了便于在型砂中取出模型，一般沿模型起模方向做成约 3°～6° 的斜度，叫做起模斜度，如图 7-32 所示。因起模斜度较小，在图上可以不必画出，不加标注；必要时，可以在技术要求中用文字说明。

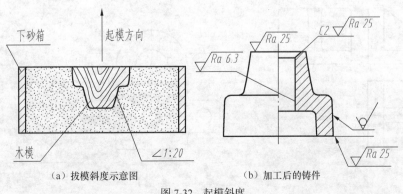

（a）拔模斜度示意图　　（b）加工后的铸件

图 7-32 起模斜度

2. 铸造圆角

为了防止浇铸铁水时将砂型转角处冲坏，同时也是为了防止铸件在冷却时产生裂缝或缩孔，在铸件各表面相交处都设计为圆角，称为铸造圆角，如图 7-33 所示。

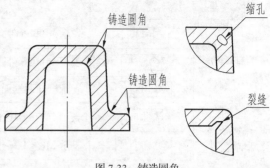

图 7-33　铸造圆角

3. 铸件壁厚均匀

在浇铸零件时，为了避免各部分因冷却速度的不同而产生缩孔或裂缝，铸件壁厚应均匀变化、逐渐过渡，内部的壁厚应适当减小，使整个铸件能均匀冷却，如图 7-34 所示。

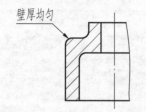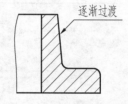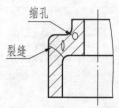

图 7-34　铸件壁厚

要点提示　　由于铸造圆角的影响，铸件表面的截交线、相贯线变得不明显，为了便于看图时明确相邻两形体的分界面，画零件图时，仍按理论相交的部位画出其截交线和相贯线，但在交线两端或一端留出空白，此时的截交线和相贯线称过渡线，如图 7-35 所示。

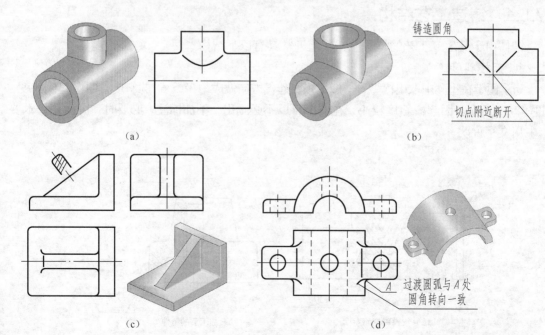

图 7-35　过渡线的画法

动画 演示　　观看"铸造工艺结构的表达及案例"动画,直观认识铸造工艺结构的表达方法。

7.5.2 机械加工工艺结构

零件制造中的一个重要过程就是机械加工,在机械切削加工中,工艺结构的种类更加丰富,下面分别进行介绍。

1. 倒角和倒圆

为了去除零件上的毛刺、锐边和便于装配,在轴和孔的端部一般都加工成倒角,常用的倒角为 45°,也可为 30° 或 60°。

为了避免因应力集中而产生裂纹,往往将轴肩处加工成圆角过渡的形式,称为倒圆。倒角和倒圆的尺寸注法,如图 7-36 所示。

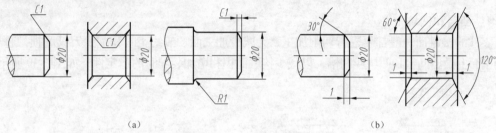

图 7-36　倒角和倒圆

2. 螺纹退刀槽和砂轮越程槽

为了在切削加工中不致使刀具损坏,便于退出刀具以及零件在装配时与相邻零件定位可靠,通常在零件加工面的末端预先加工出退刀槽或砂轮越程槽,如图 7-37 所示。

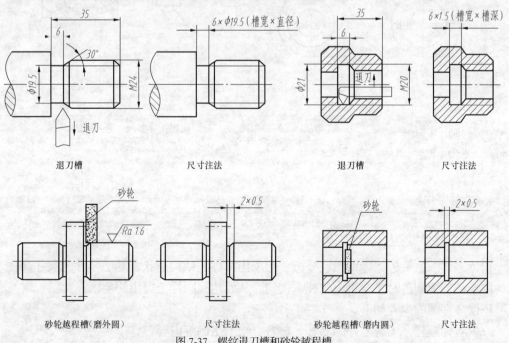

图 7-37　螺纹退刀槽和砂轮越程槽

3. 钻孔结构

用钻头钻出的盲孔底部有一个 120° 的锥角，如图 7-38（a）所示。另外用两个直径不等的钻头加工的阶梯孔的过渡处也有一个 120° 锥角的圆台面，如图 7-38（b）所示。

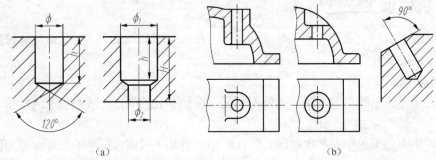

图 7-38　钻孔的结构

4. 凸台和凹坑

零件的接触面一般都要进行切削加工，为减少加工面、节约工时和减少刀具磨损，通常在被加工面上做出凸台和凹坑或凹槽，以减少接触面积和增加装配时的稳定性，如图 7-39 所示。

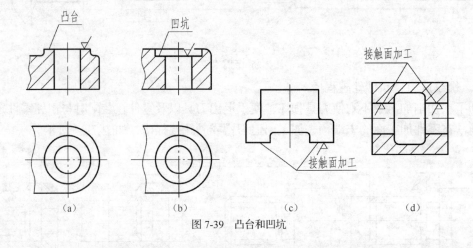

图 7-39　凸台和凹坑

动画演示　　观看"机械加工工艺结构的表达及案例"动画，直观认识机械加工工艺结构的表达方法。

7.6　识读零件图

识读零件图就是根据零件图，分析，想象出零件的结构形状，熟悉零件的尺寸和技术要求，以便在加工制造时采取相应的技术措施，从而达到图样上提出的要求。

识读零件图的步骤如下。

（1）看标题栏，了解零件的名称、材料、绘图比例等内容。

（2）明确视图关系，找出主视图，分析各视图之间的投影关系及所采用的表达方法。

（3）分析视图，想象零件的结构形状。

（4）看尺寸标注和技术要求，明确各部位结构尺寸的大小，全面掌握质量指标。

虽然识读零件图的步骤都一样，但是不同的零件类型有不同的侧重点。以下分别介绍几种典型零件图的识读方法。

7.6.1 轴套类零件图的识图方法

通过对图 7-40 所示齿轮油泵轴的轴测图的识读，了解识读轴套类零件图的方法。

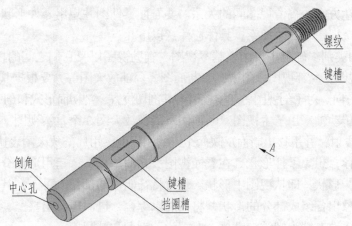

图 7-40 齿轮油泵轴的轴测图

【例 7-2】 齿轮油泵轴的零件图如图 7-41 所示，试识读该零件图。

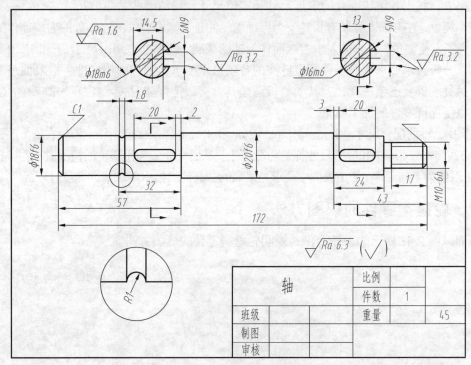

图 7-41 齿轮油泵轴的零件图

识读步骤如下。

（1）总体认识零件。结合图7-40和图7-41分析可知，该零件的结构特点如下。

① 轴的主体由几段不同直径的圆柱体所组成，构成阶梯状。

② 轴上加工有键槽、螺纹、挡圈槽、倒角、中心孔等结构。

③ 为了传递动力，轴上装有齿轮、带轮，利用键来连接，因此在轴上有键槽。

④ 为了防止齿轮轴向串动，装有弹簧挡圈，故加工有挡圈槽。

⑤ 为了便于轴上各零件的安装，在轴端车有倒角。

⑥ 轴端的中心孔是供加工时装夹和定位用的。

（2）分析表达方案，搞清视图间的关系。要看懂零件图并想出零件形状，必须先分析表达方案，搞清各个视图之间的关系，具体应注意以下几点。

① 确定视图类别。确定主视图、基本视图、辅助视图以及它们之间的投影关系。

② 对于向视图、局部视图、斜视图、断面图、局部放大图等，要根据其标注找出它们的表达部位和投射方向。对于剖视图，还要搞清楚其剖切位置、剖切面形式和剖开后的投射方向。

在本例中，传动轴采用了主视图、断面图及局部放大图3个基本视图。主视图采用零件横置，由前向后投射，并用移出断面反映两个键槽的深度，用局部放大图表达挡圈槽的结构。

（3）分析形体，想象零件形状。在看懂视图关系的基础上，运用形体分析法和线面分析法分析零件的结构形状，即从视图中形状、位置特征明显的部位入手，在其他视图上找出对应投影，分别想象出各组成部分的形状并将其加以综合，进而想象出整个零件形状的过程。

在本例中，零件右端为螺纹、键槽，左端为一键槽和挡圈槽。

（4）分析尺寸。分析尺寸时，先分析零件轴向、径向两个方向上尺寸的主要基准。然后从基准出发，找出各组成部分的定形尺寸和定位尺寸，搞清哪些是主要尺寸。

在本例中，在$\phi18m6$处装有齿轮，为保证齿轮的正确啮合，以$\phi18m6$处的右端面作为主要基准，为了方便测量，以轴的左、右端面作为辅助基准。各基准之间由尺寸57和172相联系。

（5）分析技术要求。对零件图上标注的各项技术要求，如表面粗糙度、极限偏差、形位公差、热处理等要逐项识读，尤其要分析清楚其含义，把握住对技术指标要求较高的部位和要素，以便保证零件的加工质量。

该例中，轴的配合尺寸$\phi18m6$、$\phi18f6$、$\phi20f6$和$\phi16m6$以及保证齿轮、带轮在轴上装配的定位尺寸32、57、24、43和键槽尺寸都是功能尺寸。从所标注表面粗糙度的情况看，左端轴颈面的Ra上限值为$1.6\mu m$，在加工表面中要求是最高的。其他的技术要求请读者自行分析。

7.6.2 轮盘类零件的识图方法

下面以图7-42所示的手轮为例，说明轮盘类零件的读图方法。

图7-42 手轮的立体图

【例 7-3】 识读手轮零件图，如图 7-43 所示。

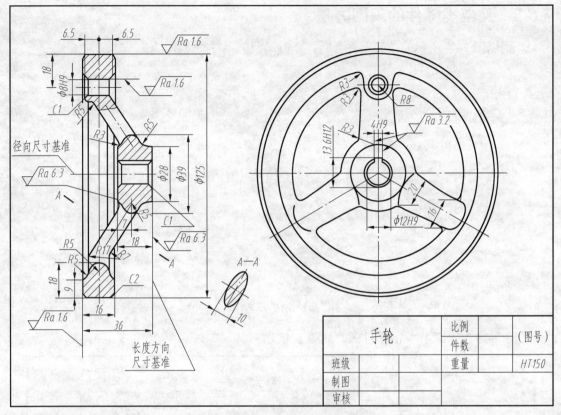

图 7-43 手轮的零件图

识读步骤如下。

（1）总体认识零件。结合图 7-42 所示的立体图和图 7-43 所示的零件图，大致了解该零件的结构特点。

在本例中，零件由轮毂、轮缘及轮辐（或辐板）3 部分组成。

（2）分析表达方案，搞清视图间的关系。该手轮采用了主、左两个基本视图，3 个轮辐呈辐射状均匀分布。为了表示装手柄的圆孔，在主视图上采用了局部剖视，表达了零件的主要轮廓。左视图表达了手轮轮辐的数量、宽度及键槽的宽和深，并用 A—A 移出断面表达了轮辐的断面形状。

（3）分析形体，想象零件形状。通过分析可知，轮毂部分是中空的圆柱体，孔表面有键槽。轮缘部分加工有轮槽结构，与外界相连传递动力。轮辐是轮毂与轮缘相连接的部分，制成辐条形式。

（4）分析尺寸。轮盘类零件的尺寸主要有径向尺寸和长度方向尺寸。径向尺寸是以轴线为主要基准，而长度方向通常以端面为主要基准。轮毂与轮缘的直径 $\phi 28$、$\phi 125$ 以及轮毂与轮缘的宽度 18、16 都是手轮的重要尺寸。

（5）分析技术要求。分析零件图上标注的各项技术要求。例如，$\phi 12H9$ 表明该孔与其他零件的配合关系。从所注表面粗糙度的情况看，轮缘端面的 Ra 上限值为 1.6μm，在加工表面中要求是最高的。其他的技术要求请读者自行分析。

7.6.3　叉架类零件的识图方法

下面以图 7-44 所示的拨叉零件为例，分析叉架类零件的读图方法。

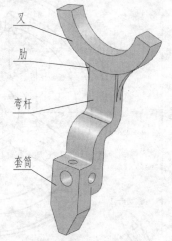

图 7-44　拨叉的轴测图

【例 7-4】　识读拨叉的零件图，如图 7-45 所示。

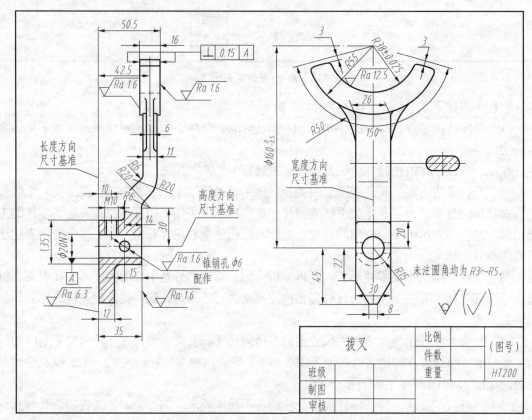

图 7-45　拨叉的零件图

识读步骤如下。

（1）总体认识零件。该拨叉零件的结构比较复杂，毛坯为铸件，经多道工序加工而成。

（2）分析表达方案，搞清视图间的关系。如图 7-45 所示，零件采用了主、左基本视图，主视图反映了零件的主要轮廓。拨叉的套筒部分内部有孔，在主视图上用剖视表达，但如果用全剖视，则不能表达清楚肋宽，故主视图采用局部剖视。左视图着重表示了叉、套筒的形状和弯杆的宽度，并用移出断面表示弯杆断面形状。

（3）分析形体，想象零件形状。叉架零件由 3 部分构成，即支撑部分、工作部分和连接部分。连接部分是肋板结构且形状弯曲、扭斜。支撑部分和工作部分的细部结构也较多，如圆孔、螺孔、油槽、油孔等。

（4）分析尺寸。由于零件的形状不规则，通常按加工方便选择基准，以孔的轴线、零件的对称面和加工的端面作为尺寸基准。

在图 7-45 所示的拨叉零件图中，长度方向以主视图中套筒的左端面为主要基准，宽度方向以拨叉的对称面为主要基准，高度方向以套筒的轴线为主要基准。如拨叉零件的高度定位尺寸 $160_{-0.5}^{0}$、长度定位尺寸 42.5、圆弧尺寸 $R38 \pm 0.025$、配合尺寸 $\phi20$、连接尺寸 M10 都是功能尺寸。又因为其套筒轴线和叉两部分间的相对位置最为关键，所以高度定位尺寸从高度基准出，长度定位尺寸从长度基准标出，宽度方向以对称面为基准。

（5）分析技术要求。对零件图上标注的各项技术要求进行分析。$\phi20N7$ 表明该孔与其他零件有配合关系。$\boxed{\perp\ 0.15\ A}$ 表明拨叉两侧面与轴套中心轴线的垂直度公差为 0.15。从所注表面粗糙度的情况看，锥销孔 $\phi6$ 孔表面、拨叉两侧面的 Ra 上限值为 1.6μm，在加工表面中要求是最高的。其他技术要求请读者自行分析。

7.6.4　箱体类零件的识图方法

下面通过图 7-46 所示的缸体轴测图，说明箱体类零件的读图方法。

【例 7-5】　识读缸体零件图，如图 7-47 所示。

识读步骤如下。

（1）总体认识零件。通过图 7-47 可知零件的名称为缸体，是内部为空腔的箱体类零件，材料为铸铁，绘图比例为 1:2，由此可见该缸体属于小型零件。

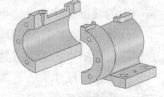

（2）分析表达方案，搞清视图间的关系。缸体采用了主、

图 7-46　缸体轴测图

俯、左 3 个基本视图。主视图是全剖视图，用单一剖切平面（正平面）通过零件的前后对称面剖切，由前向后投射。其中，左端的 M6 螺孔并未剖到，是采用规定画法绘制的。左视图是半剖视图，由单一剖切平面（侧平面）通过底板上销孔的轴线剖切，由左向右投射。其中，在半个视图中又取了一个局部剖，以表示沉孔的结构；俯视图为外形图，由上向下投射。

（3）分析形体，想象零件形状。通过分析，可大致将缸体分为 4 个组成部分。

① 直径为 $\phi70mm$（可由左视图中的 40 判定）的圆柱形凸缘。

② 直径为 $\phi55mm$ 的圆柱。

③ 在两个圆柱上部各有一个凸台，经锪平又加工出了螺孔。

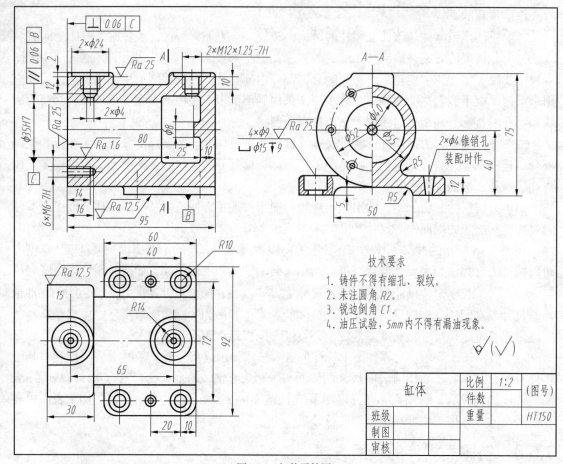

图 7-47　缸体零件图

④ 带有凹坑的底板加工出 4 个供穿入内六角圆柱头螺钉固定缸体用的沉孔和两个安装定位用的圆锥销孔。

此外，主视图还清楚地表示出了缸体的内部是直径不同的两个圆柱形空腔。各组成部分的相对位置图中已表明清楚，就不一一赘述了。

（4）分析尺寸。从图 7-47 中可以看出，其长度方向以左端面为基准，宽度方向以缸体的前后对称面为基准，高度方向以底板的底面为基准。

从左视图可以看出缸体的中心高 40、俯视图中两个锥销孔轴线间的距离 72、长度方向尺寸 20 以及主视图中的尺寸 80 都是影响其工作性能的定位尺寸。为了保证其尺寸的准确度，它们都是从尺寸基准出发直接标注的。孔径 ϕ35H7 是配合尺寸。以上这些都是缸体的重要尺寸。

（5）分析技术要求。ϕ35H7 表明该孔与其他零件之间有配合关系。经查表，其上、下偏差分别为 +0.025 和 0（即公差为 0.025），偏差限定了该孔的实际尺寸必须在 35.025～35。

$\boxed{// \mid 0.06 \mid B}$ 表明 ϕ35H7 孔的轴线对底板底面的平行度公差为 0.06，即该轴线必须位于距离为 0.06 且平行基准平面 B 的两平行平面之间。

$\boxed{\perp \mid 0.06 \mid C}$ 表明左端面与 ϕ35H7 孔轴线的垂直度公差为 0.06，即被测的左端面必须位于距离为 0.06 且垂直于基准轴线 *C* 的两平行平面之间。

从所注表面粗糙度的情况看，φ35H7 孔表面的 *Ra* 上限值为 1.6μm，在加工表面中要求是最高的。其他的技术要求请读者自行分析。

 观看"读零件图综合案例"系列动画，明确识读各类零件图的方法和技巧。

7.7 零件的测绘

零件图来源有两种，一是根据设计装配图拆画零件图，二是根据实物进行测绘得到。零件测绘就是依据实际零件，徒手绘制零件草图（目测比例），测量并标注尺寸及技术要求，经整理画出零件图的过程。零件测绘是工程技术人员必须掌握的基本技能之一。

1. 零件测绘的方法和步骤

（1）了解和分析零件。了解零件的名称、用途、材料及其在机器或部件中的位置和作用。对零件的结构形状和制造方法进行分析了解，以便考虑选择零件表达方案和进行尺寸标注。

（2）确定表达方案。先根据零件的形状特征、加工位置、工作位置等情况选择主视图；再按零件内外结构特点选择其他视图和剖视、断面等表达方法。

图 7-48 所示零件为填料压盖，用来压紧填料，主要分为腰圆形板和圆筒两部分。选择其加工位置方向为主视图，并采用全剖视，它表达了填料压盖的轴向板厚、圆筒长度、3 个通孔等内外结构形状。选择"*K* 向"（右）视图，表达填料压盖的腰圆形板结构和 3 个通孔的相对位置。

图 7-48 填料压盖轴测图

（3）画零件草图。零件草图是绘制零件图的依据，必要时还可以直接指导生产，因此，它必须包括零件图的全部内容。绘制零件草图的步骤如图 7-49 所示。

① 布置视图，画出主视图、"*K* 向"（右）视图的定位线，如图 7-49 中的"第 1 步"所示。

② 目测比例，徒手画出主视图（全剖视）和 *K* 向视图，如图 7-49 中的"第 2 步"所示。

③ 画剖面线，选定尺寸基准，画出全部尺寸界线、尺寸线和箭头，如图 7-49 中的"第 3 步"所示。

④ 测量并填写全部尺寸，标注各表面的表面粗糙度代号、确定尺寸公差，填写技术要求和标题栏，如图 7-49 中的"第 4 步"所示。

（4）画零件图。对画好的零件草图进行复核，再根据草图绘制完成填料压盖的零件图。

2. 零件尺寸的测量方法

测量零件尺寸是测绘过程中的一个重要步骤，零件上全部尺寸的测量应集中进行，这样可以提高效率，避免错误和遗漏。

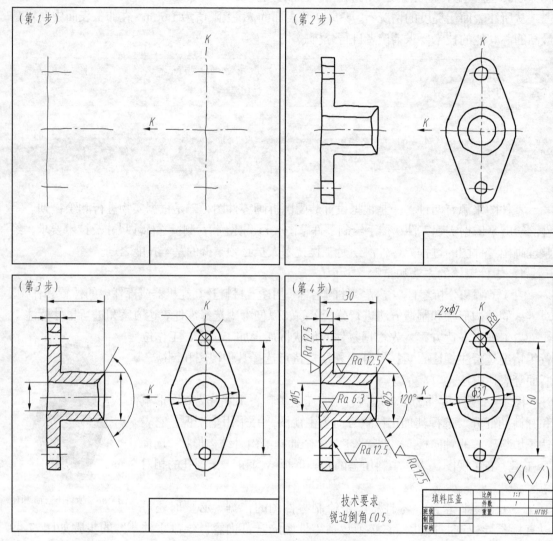

图 7-49 绘制零件草图的步骤

（1）测量直线尺寸。线性尺寸一般可直接用钢直尺测量，如图 7-50（a）所示。必要时，也可以用三角板配合测量，如图 7-50（b）中的 L_1、L_2。

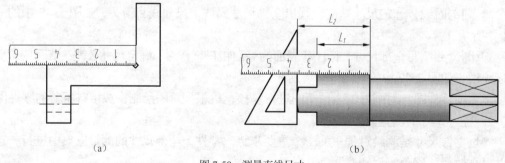

（a）   （b）

图 7-50 测量直线尺寸

（2）测量内、外直径尺寸。外径用外卡钳测量，内径用内卡钳测量，再在钢直尺上读出数值，如图 7-51（a）中的 D_1、D_2。测量时应注意，外（内）卡钳与回转面的接触点应是直径的两个端点。

精度较高的尺寸可用游标卡尺测量，如图 7-51（b）中的外径 D 和内径 d 的数值，可在游标卡尺上直接读出。

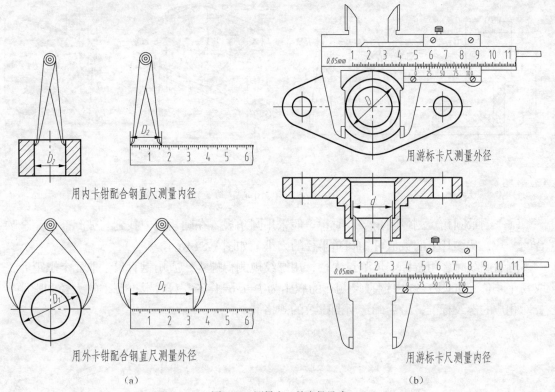

用内卡钳配合钢直尺测量内径

用游标卡尺测量外径

用外卡钳配合钢直尺测量外径

用游标卡尺测量内径

（a）

（b）

图 7-51 测量内、外直径尺寸

（3）测量壁厚。在无法直接测量壁厚时，可把外卡钳和直尺合并使用，将测量分两次完成，如图 7-52（a）中测量 $B+X$，再用外卡钳和直尺测量 A，如图 7-52（b）所示，计算得出 $X=A-B$；或用钢直尺测量两次，如图 7-52（a）中 $Y=C-D$。

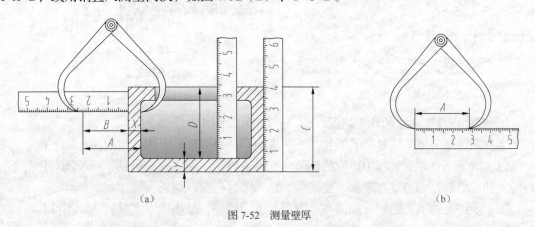

（a）

（b）

图 7-52 测量壁厚

（4）测量中心距。测量中心高时，一般可用内卡钳配合钢直尺测量，图 7-53（a）中孔的中心高 $H=A+d/2$；测量孔间距时，可用外（内）卡钳配合钢直尺测量。在两孔的直径相等时，其中心距 $L=K+d$，如图 7-53（b）所示；在两孔的孔径不等时，其中心距 $L=K-(D+d)/2$，如图 7-53（c）所示。

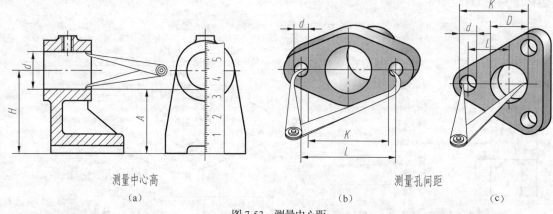

测量中心高

（a）

测量孔间距

（b）　　　　　　（c）

图 7-53　测量中心距

（5）测量圆角。测量圆角半径时，一般采用圆角规。在圆角规中找到与被测部分完全吻合的一片，从该片上的数值可知圆角半径的大小，如图 7-54 所示。

测量螺纹时，用游标卡尺测量大径，用螺纹规测得螺距；或用钢直尺量取几个螺距后，取其平均值；如图 7-55 中钢直尺测得的螺距为 $P=L/6=1.75$，然后根据测得的大径和螺距，查对相应的螺纹标准，最后确定所测螺纹的规格。

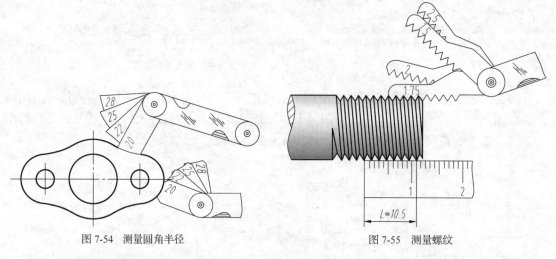

图 7-54　测量圆角半径

图 7-55　测量螺纹

3. 零件测绘应注意的几个问题

零件测绘是一项比较复杂的工作，要认真地对待每个环节，测绘时应注意以下几点。

（1）对于零件制造过程中产生的缺陷（如铸造时产生的缩孔、裂纹，以及该对称的不对称等）和使用过程中造成的磨损、变形等，画草图时应予以纠正。

（2）零件上的工艺结构，如倒角、圆角、退刀槽等，虽小也应完整表达，不可忽略。

（3）严格检查尺寸是否遗漏或重复，相关零件尺寸是否协调，以保证零件图、装配图顺利绘制。

（4）对于零件上的标准结构要素，如螺纹、键槽、轮齿等尺寸，以及与标准件配合或相关联结构（如轴承孔、螺栓孔、销孔等）的尺寸，应把测量结果与标准核对，圆整成标准数值。

 动画演示　观看"绘制零件草图"动画，直观认识绘制零件草图的方法。

本章小结

本章主要内容如表 7-12 所示。

表 7-12　　　　　　　　　　　　　　　　　　本章主要内容

主 要 内 容	知 识 要 点
零件图的作用和内容	作用：用于加工制造、检验及测量零件 内容：一组视图、必要的尺寸、技术要求及标题栏
零件图的视图表达方案	视图选择步骤：分析零件，选主视图，选其他视图，方案比较 主视图的选择必须遵循 3 个原则：形状特征原则、工作位置原则和加工位置原则
典型零件图的尺寸标注	尺寸基准：标注和测量尺寸的起点称为尺寸基准 尺寸配置的形式：连续型尺寸、基准型尺寸及综合型尺寸 尺寸标注的注意事项：重要尺寸必须直接标出；不要将尺寸注成封闭的尺寸链；尺寸标注应符合加工顺序和检测方法；尺寸标注应该合理
零件图的技术要求	技术要求主要包括表面粗糙度、尺寸公差、形状和位置公差、零件热处理和表面处理的说明以及零件加工、检验、试验、材料等各项要求
零件上常见的工艺结构	铸造工艺结构：起模斜度、铸造圆角、铸件壁厚均匀 机械加工工艺结构：倒圆、倒角、螺纹退刀槽和砂轮越城槽、凸台和凹坑、螺纹结构
识读零件图	基本步骤 （1）先看标题栏，进行表达方案的分析 （2）看视图，进行形体分析、线面分析和结构分析 （3）看尺寸标注进行尺寸分析 （4）进行工艺和技术要求的分析
零件的测绘	基本步骤 （1）了解测绘对象 （2）选定视图表达方案 （3）绘制零件草图

思考与练习

（1）简述零件图的作用和内容。

（2）简述零件图的视图选择原则以及怎样选定主视图。

（3）简述在零件图上标注尺寸的基本要求。

（4）什么是零件的表面结构？它有哪些符号？分别代表什么意义？

（5）简述什么是标准公差，什么是基本公差，公差带由哪些要素组成。

（6）什么是配合？配合分为几类？

（7）什么是形状和位置公差？形状和位置公差各有哪些项目？它们分别用什么符号表示？

（8）简述读零件图的基本步骤。

第8章 装配图

　　一台机器通常由若干个零件装配而成，如图 8-1 所示减速器上就包含多达数十个零件，这些零件与零件之间具有相互的位置关系以及安装的先后顺序要求。

图 8-1　减速器零件拆解图

　　机器制造完成后，该如何让用户了解这些信息呢？如何才能让用户对其进行正确的安装和使用呢？

　　是否有一种图样能够包含机器的工作原理、结构性能及零件之间的装配关系呢？

【学习目标】

- 了解装配图的作用和内容。
- 掌握装配图的常用表达方法。
- 掌握装配图的尺寸标注技巧。
- 了解装配结构的合理性。
- 掌握读装配图的方法和步骤。
- 了解画装配图的方法和一般过程。
- 掌握部件测绘的方法及步骤。

8.1　装配图的内容和用途

 问题思考　图 8-2 所示为滑动轴承的结构，是一个主要由 8 种零件组成的用于支撑轴的部件。在图样中该如何表示出这些零件间的装配与连接关系呢？

1. 装配图的作用

机器或部件都是由一定数量的零件根据机器的性能和工作原理按一定的技术要求装配在一起的。

（1）装配关系、装配体和装配图。机器或部件中各个零件之间具有一定的相对位置、连接方式、配合性质、装拆顺序等关系，这些关系统称为装配关系。

按装配关系装配成的机器或部件统称为装配体。

用来表达装配体结构的图样称为装配图。

（2）装配图的用途。装配图是生产中的重要技术文件，绘制和阅读装配图是工程技术人员必备的能力之一。

在设计、制造、装配、调试、检验、安装、使用和维修时，都需要装配图。设计产品时，一般先画出装配图，然后根据装配图设计零件图。零件制成后，要根据装配图进行组装、检验和调试。在使用阶段，零件可根据装配图进行维修。

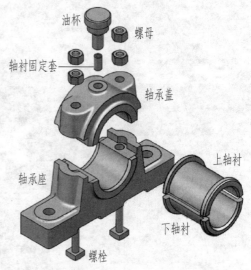

图 8-2　滑动轴承的结构

 要点提示　零件图的重点在于表达零件的结构细节，而装配图的重点在于表达零件之间的正确装配关系，二者的区别主要体现在表达的侧重点上。

2. 装配图的内容

图 8-3 所示为铣刀头的装配图，从该装配图中可以看到一张完整的装配图应包括以下 4 方面的内容。

（1）一组图形。用一组图形正确、完整、清晰、简便地表达装配体的工作原理、零件间的装配与连接关系及主要零件的结构形状。

（2）必要的尺寸。装配图上应标注出反映机器或部件性能、规格、外形、装配、检验及安装时所必需的尺寸和其他一些重要尺寸。

（3）技术要求。在装配图的空白处（一般在标题栏、明细栏的上方或左面），用文字、符号等说明装配体的工作性能、装配要求、试验或使用等方面的有关条件或要求。

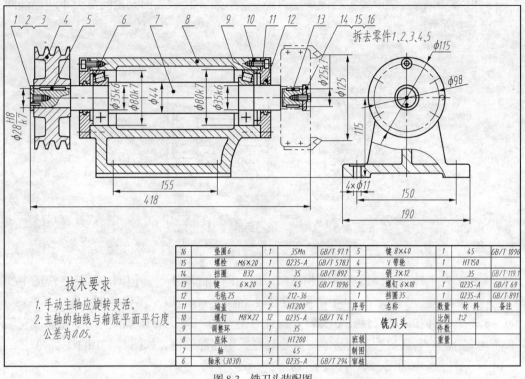

16	垫圈6	1	35Mn	GB/T 97.1		5	键 8×40	1	45	GB/T 1096
15	螺栓 M6×20	1	Q235-A	GB/T 5783		4	V带轮	1	HT150	
14	挡圈 B32	1	35	GB/T 892		3	销 3×12	1	35	GB/T 119.1
13	键 6×20	2	45	GB/T 1096		2	螺钉 6×18	1	Q235-A	GB/T 69
12	毛毡25	2	212-36			1	挡圈35	1	Q235-A	GB/T 891
11	端盖	2	HT200			序号	名称	数量	材料	备注
10	螺钉 M8×22	12	Q235-A	GB/T 74.1		铣刀头		比例	1:2	
9	调整环	1	35					件数		
8	座体	1	HT200					班级		
7	轴	1	45					制图		
6	轴承 (3030)	2	Q235-A	GB/T 294				审核		

图 8-3 铣刀头装配图

（4）序号、明细栏和标题栏。在装配图中，必须对每个零件编写序号，并在明细栏中列出零件序号、名称、数量和材料等。标题栏中写明装配体名称、绘图比例以及设计、制图、审核人员的签名和日期等。

 观看"装配图的构成和用途"动画，直观认识装配图的组成及其用途。

8.2 装配图的表达方法

 观察图 8-3 所示装配图，它与前面章节所学的零件图有什么区别？在绘制装配图的过程中应该注意哪些问题呢？

上一章介绍的各种零件表达方法均适用于装配体的表达，如视图、剖视、断面及局部放大图等。两者相同之处在于：都需要灵活选取视图和表达方法并找到正确合理的表达方案。

由于装配图表达的重点与零件图不同，装配图还有规定画法、特殊画法、简化画法等。

8.2.1 装配图的规定画法

装配图的规定画法如下。

（1）相邻零件的接触面或配合面规定只画一条线，不接触表面无论间隙大小均应画两条线，如图8-4所示。

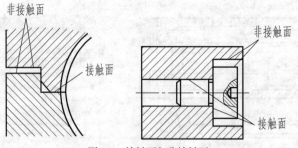

图 8-4　接触面与非接触面

要点提示

> 在图 8-3 中，轴的外圆 ϕ35k6 与轴承内孔为配合表面，画一条线；挡圈与带轮端面接触画一条线；端盖内孔与轴的外圆不接触，画成两条线。

（2）相邻两零件的剖面线应方向相反或方向相同而间隔不等，但同一零件各视图中的剖面线应一致，如图8-5所示。当断面厚度小于 2mm 时，允许以涂黑代替剖面线。

（3）若紧固件和实心杆件（如螺钉、螺栓、键、销、球及轴等）的剖切平面通过它们的基本轴线，则这些零件均按不剖绘制。需要时可采用局部剖视，如图8-3中的件2、3、5、7、13、14 等，图 8-5 中的键、螺钉、轴、球、螺母等。

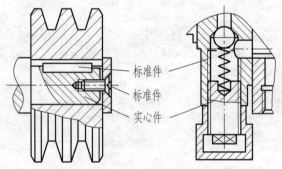

图 8-5　装配图中剖面线及实心杆件的画法

8.2.2　装配图的特殊画法

由于装配体在表达目标和用途上的特殊性，还可以采用以下特殊画法。

1. 拆卸画法

在装配图中，沿某一方向出现零部件重叠影响表达效果（如某几个零件遮住了需要表示的装配关系和结构）时，可假想将那几个零件拆卸掉，直接画需要表达的部分，并标注：拆去××零件。图8-3 所示铣刀头装配图中的左视图就是拆去件 1、2、3、4、5 后画出的。

2. 沿结合面剖切画法

假想沿某些零件的结合面剖切，画出剖视图以表达机件的内部结构，此时零件的结合面不画剖面线。图 8-6 为图 8-2 所示滑动轴承的装配图，图中俯视图的剖视部分采用沿结合面剖切的画法，结合面不画剖面线，而剖到的螺钉断面应画剖面线。

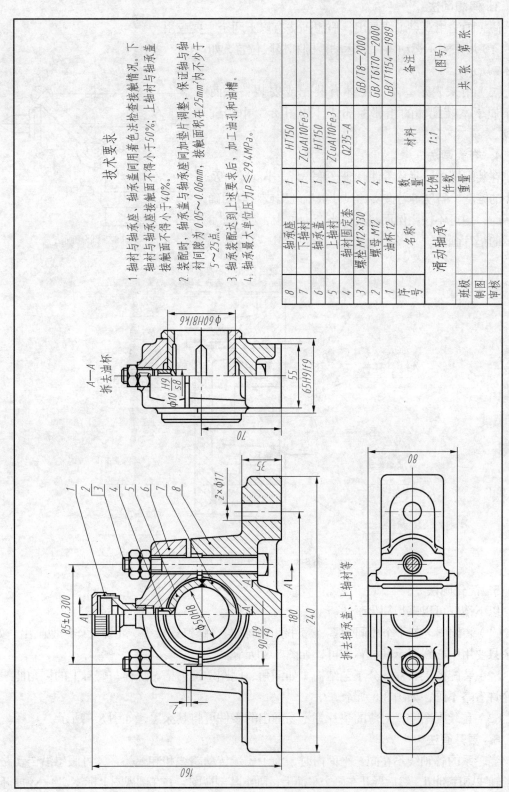

技术要求

1. 轴衬与轴承座、轴承盖同用着色法检查接触情况。下轴衬与轴承座接触面不得小于50%；上轴衬与轴承盖接触面不得小于40%。

2. 装配时，轴衬与轴承座间加垫片调整，保证轴与轴衬间隙为0.05～0.06mm，接触面积在25mm²内不少于5～25点。

3. 轴承装配达到上述要求后，加工油孔和油槽。

4. 轴承最大单位压力p≤29.4MPa。

8	轴承座	1	HT150	
7	下轴衬	1	ZCuAl10Fe3	
6	轴承盖	1	HT150	
5	上轴衬	1	ZCuAl10Fe3	
4	轴衬固定套	1	Q235-A	
3	螺栓M12×130	2		GB/T8—2000
2	螺母M12	4		GB/T6170—2000
1	油杯12	1		GB/T1154—1989
序号	名称	数量	材料	备注

滑动轴承		比例	1:1	（图号）
		件数		
		重量		共 张 第 张
班级				
制图				
审核				

图 8-6 滑动轴承装配图

201

3. 假想画法

假想画法用双点画线画出。假想画法有以下两个主要应用。

（1）用来表示运动零件的运动范围和极限位置，如图 8-7 所示。

（2）用来表示与本装配体有装配或安装关系而又不属于本装配体的相邻零部件，如图 8-3 中的铣刀盘。

4. 夸大画法

在装配图中，薄片零件、细丝弹簧、微小间隙以及较小的锥度、斜度等若按实际尺寸很难画出或难以明确表示时，均可不按比例而将其适当夸大画出，如图 8-8 所示的垫片画法。

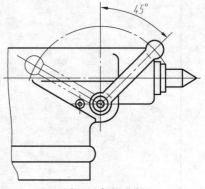

图 8-7　假想画法

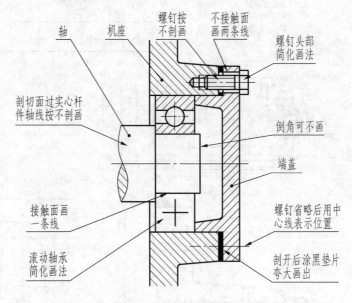

图 8-8　夸大画法和简化画法

5. 简化画法

以下情况可以采用简化画法。

（1）装配图上若干个相同的零、部件组（如螺栓、螺钉连接等）允许较详细地画出一处，其余只要用中心线表示其位置即可，如图 8-8 所示。

（2）装配图上零件部分工艺结构（如倒角、倒圆、退刀槽、螺栓与螺母上的倒角曲线）也允许省略不画，如图 8-8 所示。

（3）在装配图中，对薄的垫片等不易画出的零件可将其涂黑，如图 8-8 所示。

6. 展开画法

当轮系的各轴线不在同一平面内时，为了表示传动路线和装配关系，可假想沿传动路线上各轴线顺序剖切，然后展开在一个平面上，画出其剖视图，并在剖视图上标注"*A—A* 展开"，如图 8-9 所示。

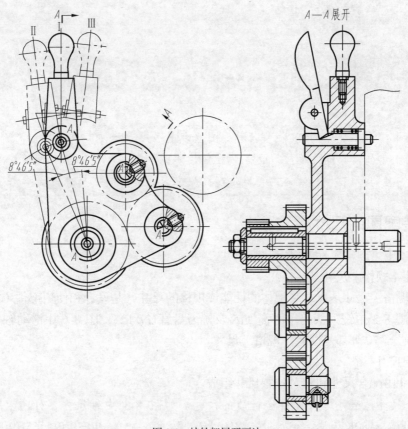

图 8-9　挂轮架展开画法

7. 单独表示某个零件的画法

当某个零件的形状未表达清楚而影响对部件的工作情况、装配关系等问题的理解时，可单独画出该零件的视图，但必须在该视图的上方注出视图名称，并在相应视图的附近用箭头指明投影方向，注上相同的字母。如图 8-10 所示，泵盖 B 或标注"件×B"。"×"表示件的序号。

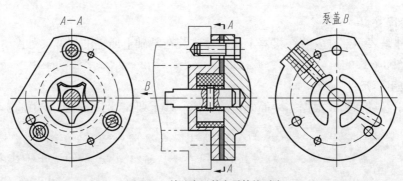

图 8-10　单独表示某个零件的画法

动画演示 观看"装配图的表达方法"系列动画，直观认识装配图的规定画法和各种特殊画法。

8.3 装配图的尺寸标注和技术要求

问题思考 观察图 8-3 可以看到图上有很多尺寸标注，这些标注有哪些不同之处？不同的标注表达了装配体的哪些信息呢？

对于装配体的特殊性能和要求，该如何向用户进行说明呢？

8.3.1 装配图的尺寸标注

在装配图中，通常应标注以下几类尺寸。

1. 性能（规格）尺寸

性能（规格）尺寸是表示装配体的性能或规格的尺寸，是设计和使用部件（机器）的依据。例如，图 8-3 中铣刀头的中心高 115 及铣刀盘直径 ϕ125，图 8-6 中滑动轴承的孔尺寸 ϕ50H8、中心高 70 等都是性能（规格）尺寸。

2. 装配尺寸

装配尺寸由配合尺寸和相对位置尺寸组成。

- 配合尺寸：表示零件间配合性质的尺寸，如图 8-3 中轴承内、外圈上所注的尺寸 ϕ35k6、ϕ80K7 及配合尺寸 ϕ28H8/k7，图 8-6 中的 90H9/f9、65H9/f9、ϕ60H8/k6 等。

- 相对位置尺寸：表示零件间或部件间比较重要的相对位置，是装配时必须保证的尺寸，如图 8-6 中两螺栓中心距 85±0.300。

3. 外形尺寸

外形尺寸表示部件或机器总长、总宽和总高，是包装、运输、安装及厂房设计的依据，如图 8-3 所示的铣刀头总长 418、总宽 190，图 8-6 中的滑动轴承总长 240、总宽 80、总高 160。

4. 安装尺寸

安装尺寸是表示部件安装在机器上或机器安装在基础上所需的尺寸，如图 8-3 中的尺寸 155、150，图 8-6 中的尺寸 180、2×ϕ17。

5. 其他重要尺寸

在设计中经过计算或根据需要而确定的其他一些重要尺寸，如图 8-3 中的 ϕ44。

要点提示 以上 5 类尺寸并不是任何一张装配图上都要全部标注，要看具体情况而定。有些尺寸可能具有多种含义，如图 8-6 中铣刀盘中心到底面的距离既是规格尺寸又是相对位置尺寸。

8.3.2 装配图中的技术要求

装配图中用来说明装配体的性能、装配、检验、使用等方面的技术指标，统称为装配图的技术要求，一般包括以下几方面内容。

（1）装配要求。装配体在装配过程中需注意的事项，装配后应达到的指标，如准确度、装配间隙、润滑要求等。

（2）使用要求。对装配体的规格、参数及维护、保养的要求、操作时的注意事项等。

（3）检验要求。对装配体基本性能的检验、试验及操作时的要求。

 要点提示 以上内容应根据装配体的具体情况而定，必要时也可参照类似产品确定。技术要求用文字注写在明细表上方或图下空白处，如图8-3和图8-6所示。

 动画演示 观看"装配图的尺寸标注和技术要求"动画，明确在装配图上标注尺寸和填写技术要求的规范和技巧。

8.4 装配图的零、部件序号和明细栏

为了便于读图和管理图样，装配图中的每种零、部件都必须编写序号，并填写明细栏。

8.4.1 装配图的零、部件序号

装配图中的每种零、组件都要编号。形状、尺寸完全相同的零件只编一个序号，数量填写在明细表内，形状相同尺寸不同的零件要分别编号。滚动轴承、油杯、电动机等标准组件只编一个序号。

装配图中序号的常用表示方法如图8-11所示，要点如下。

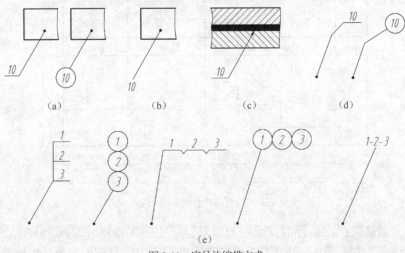

图 8-11 序号的编排方式

（1）在指引线的水平细实线上或细实线圆内注写序号，序号字高比该图中所注尺寸的数字大一号或两号，如图 8-11（a）所示。也可直接写在指引线附近，序号字高比该装配图中所注尺寸的数字大两号，如图 8-11（b）所示。

（2）指引线应自所指部分的可见轮廓内引出，并在末端画一小圆点。对于涂黑的剖面可画成箭头，如图 8-11（c）所示。

（3）指引线相互不能相交，不能与轮廓线或剖面线平行，必要时可画成折线，但只可转折一次，如图 8-11（d）所示。

（4）一组紧固件或装配关系清楚的零件组可采用公共指引线，如图 8-11（e）所示。

（5）序号应按水平或竖直方向排列整齐，并按顺时针或逆时针方向排序，并尽量使序号间隔相等，如图 8-12 所示。

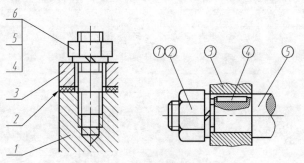

图 8-12　序号排列

8.4.2　装配图的明细栏

每张图样都需画出标题栏和明细栏，标题栏的格式和尺寸在国标中都有规定。制图作业中推荐采用图 8-13 所示标题栏和明细栏格式。

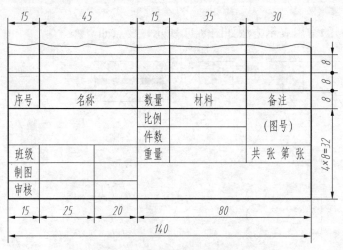

图 8-13　标题栏和明细栏的格式

（1）在"名称"栏内，标准件还应写出其标记中除编号以外的其余内容，例如"螺栓 M6×20"，齿轮、非标准弹簧等具有重要参数的零件还应将它们的参数（如模数、齿数、压力角，弹簧的材料直径、中径、节距、自由高度、旋向、有效圈数及总圈数等）写入，也可以将这些参数写在备注栏内。

（2）在"材料"栏内填写制造该零件所用材料的名称或牌号。

（3）在"备注"栏内填写标准件的国标号、零件的热处理、表面处理要求等。

 要点提示　　明细栏一般配置在标题栏上方，零、部件序号自下而上填写，如果上方位置不够，可将明细栏画在标题栏左边。若不能在标题栏的上方配置明细栏，则可作为装配图的续页按 A4 幅面单独给出，但其顺序应是由上而下填写。

 动画演示　　观看"装配图的零部件序号和明细栏"动画，明确在装配图上标注零、部件序号以及填写明细栏的规范和技巧。

8.5　装配结构的合理性

为保证部件的装配质量、便于装拆，应考虑到装配结构的合理性。装配合理的基本要求如下。

（1）零件的接合处应精确可靠，能保证装配质量。

（2）便于装配与拆卸。

（3）零件的结构简单，加工工艺性好。

8.5.1　接触处结构

设计装配体中的接触处结构时，需要注意以下问题。

1. 接触面的数量

一般情况下，两零件在同一方向的接触面或配合面只应有一对，否则保证不了装配质量或者会给零件的制造增加困难，如图 8-14 所示。

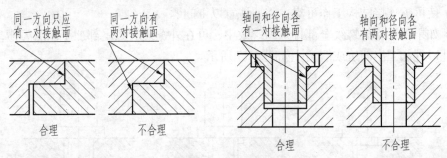

图 8-14　接触面的数量

2. 接触面转折处结构

当要求两个零件在两个方向同时接触时，两零件接触面的转折处应作出倒角、圆角、退刀槽和凹槽，以保证接触的可靠性，如图 8-15 所示。

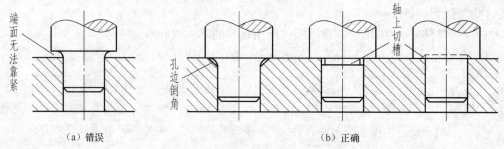

（a）错误　　　　　　　　　　　　　　　（b）正确

图 8-15　接触面转折处的结构

3. 锥面接触

由于锥面配合同时确定了轴向和径向两个方向的位置，因此要根据接触面数量的要求考虑其结构，如图 8-16 所示。

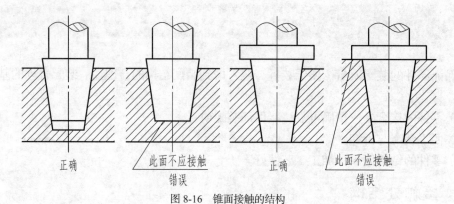

图 8-16　锥面接触的结构

8.5.2　可拆连接结构

可拆连接结构主要考虑连接可靠和装拆方便两个方面。

1. 连接可靠

为了使可拆连接结构工作可靠，需要注意以下问题。

（1）如果要求将外螺纹全部拧入内螺纹中，可在外螺纹的螺尾部加工出退刀槽，或者在内螺纹孔口处加工出凹坑或倒角，如图 8-17 所示。

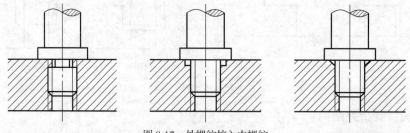

图 8-17　外螺纹拧入内螺纹

（2）轴端为螺纹时，应留出一段螺纹不拧入螺母中，如图 8-18 所示。

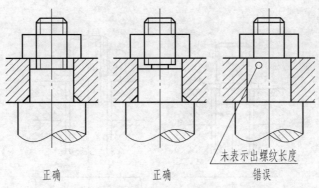

正确　　　　　　　正确　　　　　　　错误

未表示出螺纹长度

图 8-18　轴端为螺纹连接

2. 装拆方便

为了使可拆连接结构装拆方便,需要注意以下问题。

(1) 为了装拆方便,需要留有相应的空间。例如,在设计螺栓和螺钉的位置时,应考虑扳手的空间活动范围和螺钉放入时所需要的空间,如图 8-19 所示。

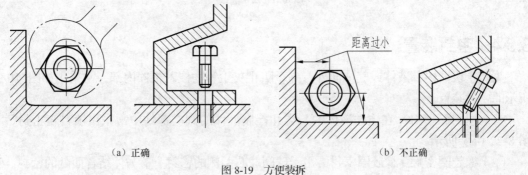

距离过小

(a) 正确　　　　　　　　　　　　　　　(b) 不正确

图 8-19　方便装拆

(2) 装有衬套的结构要考虑衬套的拆卸问题。用轴肩定位轴承时,轴肩高度必须小于轴承的内圈高度,孔肩的高度必须小于轴承外圈的高度,以便于轴承的拆卸,如图 8-20 所示。

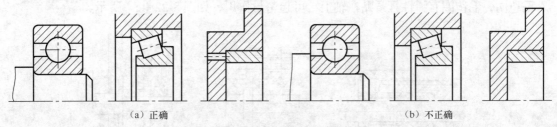

(a) 正确　　　　　　　　　　　　　　　(b) 不正确

图 8-20　轴承定位和衬套的合理结构

8.5.3　防松装置

对承受震动或冲击的部件,为防止螺纹的松脱,可采用如图 8-21 所示的防松装置。

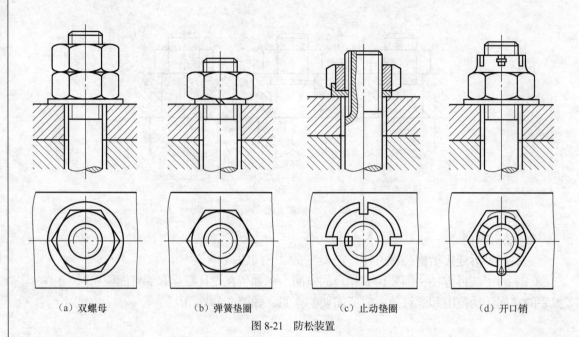

(a) 双螺母　　　　　　(b) 弹簧垫圈　　　　　　(c) 止动垫圈　　　　　　(d) 开口销

图 8-21　防松装置

8.5.4　密封装置

为防止机器内部液体或气体向外渗漏，防止灰尘等物侵入机器内部，常采用如图 10-22 所示的密封装置。

（1）填料箱密封。在输送液体的泵类和控制液体的阀类部件中常采用填料箱密封，如图 8-22（a）所示。

（2）橡胶圈密封。橡胶圈密封常用于球阀球芯两侧的密封、盖与体结合面处的密封，如图 8-22（b）所示。

（3）垫片密封。为防止液体或气体从两零件的结合面处渗漏，常采用垫片密封，如图 8-22（c）所示。

（4）毡圈式密封。在装有轴的孔内加工出一个梯形截面的环槽（结构可查标准），槽内放入毛毡圈，毛毡圈有弹性且紧贴在轴上，可起密封作用，如图 8-22（c）所示。

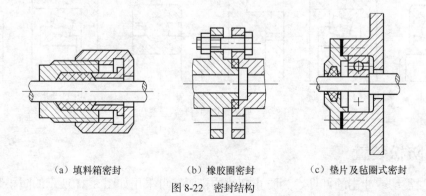

（a）填料箱密封　　　　（b）橡胶圈密封　　　　（c）垫片及毡圈式密封

图 8-22　密封结构

8.5.5　滚动轴承的轴向固定及其密封结构

滚动轴承的轴向固定是为防止滚动轴承工作时发生轴向窜动，如图 8-23 所示，一般采用轴肩、端盖、轴端挡圈、圆螺母、止动垫圈、弹簧挡圈等结构。

考虑到工作温度的变化会导致滚动轴承工作时卡死，所以应留有一定的轴向间隙。如图 8-23 所示，右端轴承内、外圈均做了固定，左端轴承只固定了内圈。

滚动轴承的密封主要是为了防止外部灰尘、水分进入轴承及防止轴承的润滑油剂渗漏。常用的密封件如毡圈、油封等均属于标准件，如图 8-24 所示，可查手册选用。

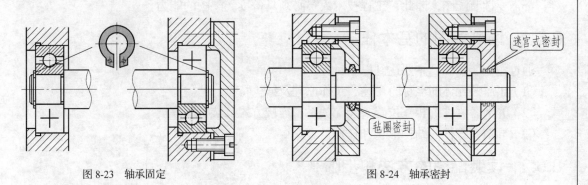

图 8-23　轴承固定　　　　　　　　　　　　　图 8-24　轴承密封

8.5.6　凸台和凹坑

为保证接触良好，接触面须经机械加工。若能合理减少加工面积，则不仅能降低加工成本，还可以改善接触情况。

为保证连接件和被连接件的良好接触，通常在工件上作出沉孔或凸台等，如图 8-25 所示。沉孔尺寸可根据连接件尺寸从有关手册中查出。

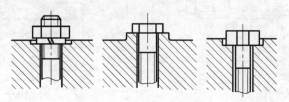

图 8-25　紧固件装配结构

为减少接触面，对较长的接触面（平面或圆柱面）应加工出凹槽，以减少加工面并保证接触良好，如图 8-26 所示。

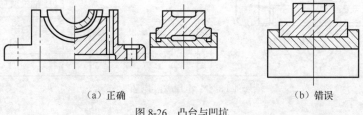

（a）正确　　　　　　　　　　　　　（b）错误

图 8-26　凸台与凹坑

观看"装配结构的合理性"系列动画,明确装配结构的种类和设计要点以及在装配图中合理设计各种装配结构的必要性。

8.6 读装配图

在生产实际中,无论是设计机器、装配产品或从事设备的安装、检修以及进行技术交流等,都需要读装配图,因此,工程技术人员必须具备读装配图的能力。

8.6.1 读装配图的基本任务

通过阅读装配图,主要达到以下目标。

(1)了解装配体的名称、用途、工作原理及结构特点。

(2)弄清各零件的相互位置、装配关系、连接方式及装拆顺序。

(3)弄清各零件的结构形状和作用。

8.6.2 读装配图的方法和步骤

下面以图 8-27 所示的机用虎钳装配图为例,介绍装配图的读图方法和步骤。

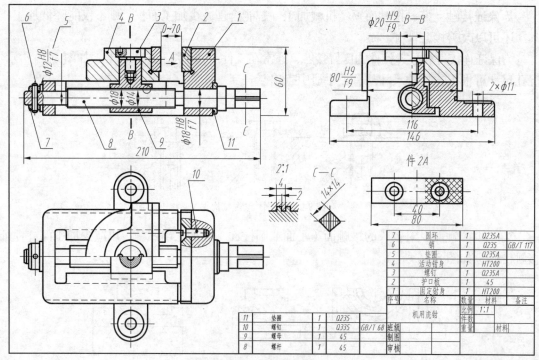

图 8-27 机用虎钳装配图

1. 概括了解

读图前，先从以下几个方面对装配图做概要了解。

（1）首先从标题栏和明细栏入手，了解机器或部件的名称、用途等。从标题栏可以看出，部件名称为机用虎钳，主要用于夹紧工件。

（2）仔细阅读技术要求和使用说明书，为深入了解机用虎钳做好准备。

（3）由明细表可看出，机用虎钳由 11 种零件组成，其中标准件两种，属于中等复杂程度的装配体。

（4）由总体尺寸可知，该部件体积不大。

2. 分析视图，明确各视图表达的重点

机用虎钳装配图中采用了 3 个基本视图和零件 2 的 A 向视图，一个局部放大图，一个移出断面图。

（1）主视图为过对称平面的全剖视图，剖切平面通过部件的主要装配干线——螺杆轴线，表达了部件的工作原理、装配关系以及各主要零件的用途和结构特征。

（2）俯视图中采用了沿活动钳身结合面剖切的画法，清楚地反映了固定钳身的结构形状和螺杆与螺母的连接关系。

 要点提示 ｜ 俯视图中的局部剖视表达了用螺钉连接钳口板与固定钳身的情况。

（3）左视图采用半剖视图，其剖切位置通过螺母的轴线，反映了固定钳身、活动钳身、螺母及螺杆之间的接触配合情况。

（4）"件 2A"表示了钳口板上螺钉孔的位置及防滑网纹，局部放大图表示了螺杆的牙型，移出断面图表示了螺杆头部的方形断面。

3. 分析零件，进一步了解工作原理和装配关系

分析零件的目的是要搞清楚每个零件的结构形状和相互关系，要点如下。

（1）相邻零件可根据剖面线来区分。

（2）标准件和常用件因其结构和作用都已清楚，所以很容易区分。

（3）对于一般件，可由配合代号了解零件间的配合关系，由序号和明细表了解零件的名称、数量、材料、规格等。

本例中，固定钳身是各零件的装配基础，螺母 9 与活动钳身用螺钉 3 连接在一起，螺母与螺杆旋合。螺杆支撑在固定钳身孔内，并采用了基孔制间隙配合。由于两端均被固定（左端圆环 7 通过销 6 与螺杆固定，右端用垫圈与轴肩实现轴向固定），所以当螺杆转动时，螺母与活动钳身一起做轴向移动，从而实现夹紧工件的目的。

4. 分析拆装顺序

机用虎钳的拆卸顺序为拆下销6→取下圆环 7、垫圈 5→旋出螺杆 8、取下垫圈 11→旋出螺钉 3→取下螺母 9→卸下活动钳身→分别拆下固定钳身、活动钳身上的钳口板。

装配顺序与拆卸顺序相反，具体为先把钳口板 2 通过螺钉固定在活动钳身 4 和固定钳身的护口槽上，然后把活动钳身装入固定钳身 1→把螺母 9 装入活动钳身孔中→并旋入螺钉 3。把垫圈 11 套在螺杆轴肩处，把螺杆 8 装入固定钳身 1 的孔中，同时使螺杆 8 与螺母 9 旋合→垫圈 5→环 7→装入销钉 6。

图 8-28 为机用虎钳装配轴测图及其示意图。

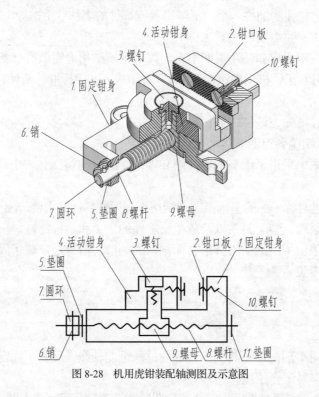

图 8-28 机用虎钳装配轴测图及示意图

 观看"读机用虎钳装配图"动画，明确装配图的读图方法与技巧。

8.7 画装配图

设计新零件或部件时，首先要画出装配图。测绘机器和部件时，先画出零件草图，再依据零件草图拼画出装配图。

画装配图与画零件图的方法步骤类似。首先要了解装配体的工作原理和装配关系，其次要了解每种零件的数量及其在装配体中的功用，与其他零件之间的装配关系等，并且要熟悉每个零件的结构，想象出零件的投影视图。

下面以铣刀头为例说明画装配图的方法和步骤。

8.7.1 了解和分析装配体

画装配图之前，应对装配体的性能、用途、工作原理、结构特征及零件之间的装配关系做透彻的分析和充分的了解。

图 8-29 所示为铣刀头轴测剖视图，其结构特点如下。

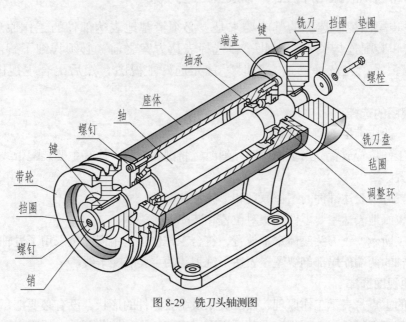

图 8-29　铣刀头轴测图

（1）铣刀头是安装在铣床上的一个部件，其作用是安装铣刀，铣削零件。该部件由 16 种零件组成。

（2）铣刀盘通过双键与轴连接，动力由带轮输入，经键传递到轴从而带动铣刀盘运动。

（3）轴上装有一对圆锥滚子轴承，用端盖和调整环调节轴承间隙。

（4）端盖与座体采用螺钉连接，端盖内装有毡圈，起防尘与密封的作用。

（5）带轮轴向一侧靠轴肩定位，另一侧以挡圈、螺钉、销子定位。

（6）铣刀盘轴向一侧由轴肩定位，另一侧由挡圈、螺栓、垫圈定位。

 要点提示　　　一般采用装配示意图来表示装配体的工作原理和装配关系，即用简单的线条画出主要零件的轮廓线，并用符号表示一些常用件和标准件，供拼画装配图时参考，如图 8-30 所示。

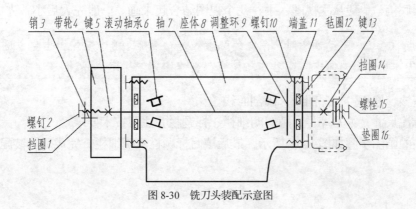

图 8-30　铣刀头装配示意图

8.7.2 分析和想象零件图，确定表达方案

对部件装配图视图选择的基本要求是：必须清楚地表达部件的工作原理、各零件的相对位置和装配连接关系。因此，在选择表达方案之前，必须详细了解部件的工作原理和装配关系，在选择表达方案时，首先选好主视图，然后配合主视图选择其他视图。

1. 主视图的选择

主视图一般应满足下列要求。

（1）按工作位置放置，当工作位置倾斜时，将部件放正，使其主要装配干线、安装面等处于特殊位置。

（2）应较好地表达部件的工作原理和形状特征。

（3）应较好地表达主要零件的相对位置和装配连接关系。

如图 8-3 所示，铣刀头座体水平放置，符合工作位置，主视图是采用了过轴的轴线的全剖视图，在轴的两端作局部剖视图，表达了铣刀头的主要装配干线。

2. 其他视图选择

装配图的重点是表示工作原理、装配关系及主要零件的形状，没有必要把每个零件的结构都表示清楚，但每种零件至少应在某个视图中出现一次。按此要求，补充主视图上没有表示出来或没有表示清楚而又必须表示的内容，所选视图要重点突出、互相配合，避免不必要的重复。

图 8-3 中用局部剖视的左视图补充表达了座体及其底板上的安装孔的位置，为突出座体的主要形状特征，左视图还采用了拆卸画法。

8.7.3 画装配图的一般步骤

依据所确定的表达方案及部件的总体尺寸，结合考虑标注尺寸、序号、标题栏、明细栏和注写技术要求所应占的位置，选比例、定图幅，按下列步骤绘图。

（1）画图框和标题栏、明细栏外框。

（2）布图。从装配干线入手，以点画线或细线布置各视图的位置。布图时注意留足标注尺寸、编写序号及标题栏与明细栏的位置。

（3）画底稿，一般从主视图入手，几个视图结合起来画。一般先大后小，先主后次。

要点提示　　画剖视图时，围绕装配干线进行装配，由内向外画出零件的投影，也可由外向内，或者内外结合，视作图方便而定。

（4）审核、修正、加深图线，画剖面线。

（5）标注尺寸，编写序号，填写明细栏、标题栏并注写技术要求。

铣刀头的画图步骤如图 8-31 所示，最后填写标题栏及明细栏，完成后的装配图如图 8-3 所示。

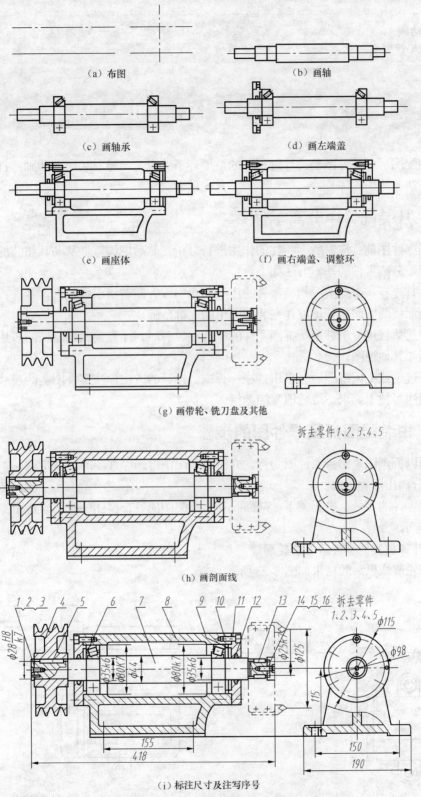

（a）布图　　　　　　　　　　　　　　　（b）画轴

（c）画轴承　　　　　　　　　　　　　　（d）画左端盖

（e）画座体　　　　　　　　　　　　　　（f）画右端盖、调整环

（g）画带轮、铣刀盘及其他

拆去零件1、2、3、4、5

（h）画剖面线

（i）标注尺寸及注写序号

图 8-31　铣刀头装配图底稿的画图步骤

观看"画铣刀头装配图"动画，明确装配图的画图方法与技巧。

8.8 由装配图拆画零件图

由装配图拆画零件图是设计过程中的重要环节，也是检验看装配图和画零件图能力的一种常用方法。

8.8.1 从装配体中分离零件

拆画零件图前，应对所拆零件的作用进行分析，然后把该零件从与其组装的其他零件中分离出来。分离零件的基本方法如下。

（1）首先在装配图上找到该零件的序号和指引线，顺着指引线找到该零件；再利用投影关系、剖面线的方向找到该零件在装配图中的轮廓范围。

（2）然后经过分析补全所拆画零件的轮廓线。有时，还需要根据零件的表达要求重新选择主视图和其他视图。

（3）选定或画出视图后，采用抄注、查取、计算的方法标注零件图上的尺寸，并根据零件的功用注写技术要求，最后填写标题栏。

8.8.2 由装配图拆画零件图的步骤

下面以拆画固定钳身零件图为例，介绍由装配图拆画零件图的基本步骤。

1. 分离出零件轮廓

根据零件的序号、投影关系、剖面线等从装配图的各个视图中找出固定钳身的投影，如图 8-32 所示。

2. 补齐被其他零件遮住的轮廓线

补齐轮廓线以后的结果如图 8-33 所示。

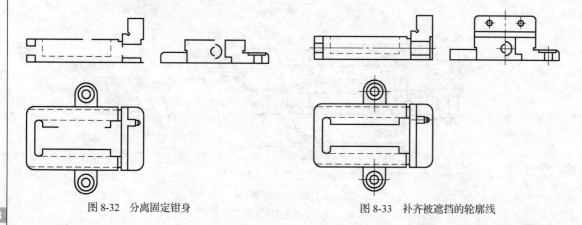

图 8-32 分离固定钳身　　　　　　　　图 8-33 补齐被遮挡的轮廓线

3. 补齐工艺结构

如果画装配图时省略了零件的工艺结构，应补齐，标准结构应查表。

4. 重新选择表达方案

由于装配图和零件图的表达重点不一样，所以拆画零件时需根据零件的类型选择视图，有时需要重新安排视图。固定钳身属于箱体类零件，是虎钳的基础零件，其视图表达可以与装配图一致。

5. 尺寸来源

由于装配图上一般只标注 5 类尺寸，所以拆画时应予以补充。

（1）抄注尺寸。装配图上已注出的尺寸多为重要尺寸，与所拆画零件有关的尺寸直接抄注，如 ϕ12H8，并将其转换为极限偏差的形式，如图 8-34 所示。

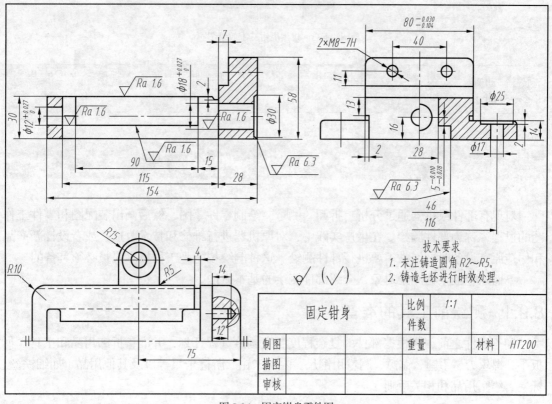

图 8-34　固定钳身零件图

（2）查找尺寸。常见标准结构的尺寸数值应从明细栏或有关手册查得，如倒角、倒圆、键槽等。

（3）计算尺寸。某些尺寸数值应根据装配图所给的尺寸通过计算而定，如齿轮分度圆、齿顶圆等。

（4）量取尺寸。装配图上没有标注的尺寸可按装配图的画图比例在图中量取，如零件的外形尺寸等。

6. 填写技术要求

根据零件的加工、检验、装配及使用中的要求查阅相关资料来制定技术要求，或者参照同类产品采用类比法制定。

7. 填写标题栏

图 8-34 所示为从机用虎钳装配图中拆画出来的固定钳身零件图，图 8-35 所示为其三维效果图。

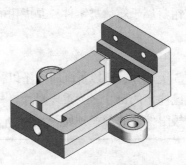

图 8-35　机用虎钳三维效果图

观看"拆画固定钳身零件图"动画，明确由装配图拆画零件图的基本方法与技巧。

*8.9　部件测绘

对现有部件或机器通过分析、拆卸、测量、绘制零件草图，然后画出装配图和零件工作图的过程，称为部件测绘。在生产实践中，对原机器进行维修和技术改造，或者设计新产品和仿造原有设备时，经常需要进行部件测绘。这种测绘技能是工程技术人员必须具备的。

下面以轮油泵为测绘对象，介绍部件测绘的基本方法。

8.9.1　测绘前工具的准备

测绘部件之前，应根据部件的复杂程度制定测绘进程计划，并准备拆卸用品和工具，如扳手、螺丝刀、手锤、铜锤、测量用钢尺、内外卡钳、游标卡尺等以及其他用品（如细铁丝、标签、绘图用品和相关手册）。

8.9.2　了解测绘对象

测绘前要对测绘的部件进行认真分析和研究，了解其用途、性能、工作原理、结构特点、各零件的装配关系、相对位置关系、加工方法等。

1. 获取对象信息

测绘前，可以通过以下途径了解测绘对象的信息。

（1）参考有关资料、说明书以及对同类产品加以分析。

（2）通过拆卸对零、部件进行全面分析。

（3）到工作现场参观学习，以了解情况。

2. 齿轮泵的工作原理

齿轮泵用于机床润滑系统的供油，如图 8-36 所示，其结构特点和工作原理如下。

（1）齿轮泵由 14 种零件组成，主体为泵体、泵盖、主动轴、从动轴及齿轮。

（2）泵体内装有一对齿轮，相互啮合。动力从主动轴输入，带动主动齿轮旋转，从而带动从动齿轮旋转。

（3）两齿轮转动时，在入口处形成负压，在大气压的作用下，油从入口吸入，随着齿轮的转动，充满齿间的油被带到出油口挤压出去，输送到需要润滑的部位，如图 8-37 所示。

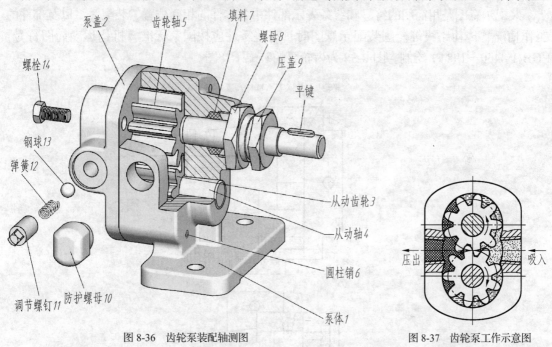

图 8-36　齿轮泵装配轴测图

图 8-37　齿轮泵工作示意图

（4）为保证油泵正常工作，在泵盖上装有保险装置。为避免润滑油沿齿轮轴渗出，泵体上有密封装置。

（5）保险装置由钢球、弹簧、调节螺钉、防护螺母等零件组成，经过调节螺钉、弹簧压迫钢球调节到一定的压力（保证正常工作所需要的油压），一旦出油路的压力超过调压阀的调压数值时，钢球就会被推开，使出油路的高压油流回进油路，从而降低了油压，以免润滑油路的损坏。

 观看"齿轮泵的工作原理"动画，明确齿轮泵的结构和工作过程。

8.9.3　拆卸零件和画装配示意图

在明确了齿轮泵的结构和工作原理后，接下来就可以拆卸零件并画出装配示意图。

1. 拆卸零件时的注意事项

拆卸零件前，需要注意以下要点。

（1）在零件拆卸前，应先测量一些重要的装配关系尺寸，如相对位置尺寸、极限尺寸、装配间隙等，以便校核图样和装配部件。

（2）拆卸时要用相应的拆卸工具，以保证顺利拆卸，不损坏零件。

（3）按一定的顺序拆卸。过盈配合的零件原则上不拆卸，若不影响零件的测量工作，过渡配合的零件一般不拆卸。

（4）将拆卸的零件进行编号和登记，加上标签，妥善保管。要防止零件碰伤、生锈和丢失。

（5）对零件较多的装配体，为了便于拆卸后重新装配，需要绘制装配示意图。

2. 画装配示意图

装配示意图是用简明的符号和线条表示部件中各零件的相互位置、装配关系以及部件的工作情况、传动路线等。画装配示意图时，有些零件应按国家标准《机构运动简图符号》（GB/T 4460—1984）绘制。图 8-38 为齿轮泵的装配示意图。

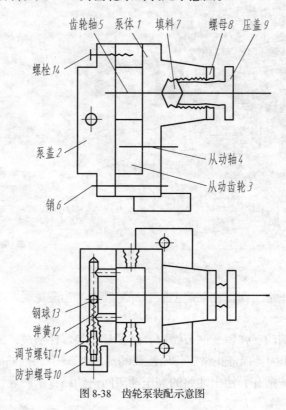

图 8-38　齿轮泵装配示意图

8.9.4　绘制零件草图

画出装配示意图后，即可着手绘制零件草图。绘制零件草图时需注意以下要点。

（1）标准件可不画草图，但要测出其结构上的主要数据（如螺纹大径，螺距，键的长、宽、高等），然后查找有关标准，确定其标记代号，登记在明细栏内。

（2）画草图时应先画视图，再引尺寸线，然后逐一测量并填写尺寸。

（3）零件间有配合、定位或连接关系的尺寸要协调一致，如尺寸基准要统一，两零件相配合的部分基本尺寸要相同。标注时可成对地在两零件的草图上同时进行尺寸标注。

图 8-39～图 8-41 所示为齿轮泵中 3 个典型零件的草图。

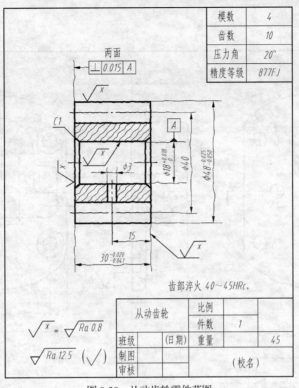

模数	4
齿数	10
压力角	20°
精度等级	877FJ

齿部淬火 40～45HRc。

从动齿轮		比例	
		件数	1
班级	(日期)	重量	45
制图			
审核		(校名)	

$$\sqrt{}^{x} = \sqrt{}\,Ra\,0.8$$

$$\sqrt{}\,Ra\,12.5\;(\sqrt{})$$

图 8-39　从动齿轮零件草图

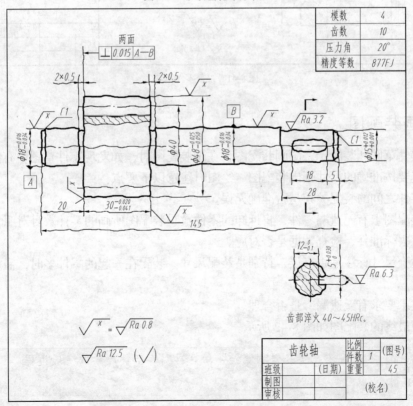

模数	4
齿数	10
压力角	20°
精度等数	877FJ

齿部淬火 40～45HRc。

齿轮轴		比例		(图号)
		件数	1	
班级	(日期)	重量	45	
制图				
审核		(校名)		

$$\sqrt{}^{x} = \sqrt{}\,Ra\,0.8$$

$$\sqrt{}\,Ra\,12.5\;(\sqrt{})$$

图 8-40　齿轮轴零件草图

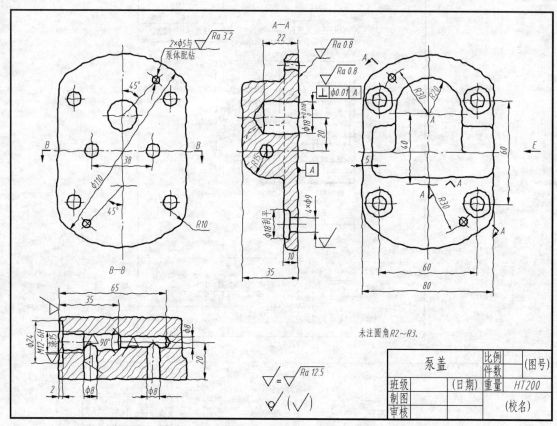

图 8-41 泵盖零件草图

8.9.5　画装配图

　　根据零件草图和装配示意图画装配图，在画装配图时，如发现零件草图中有错误要及时纠正，一定要按准确的尺寸画出装配图。绘图时注意以下要点。

　　（1）零件之间的装配关系是否准确无误。

　　（2）装配图上有无遗漏零件，将拆卸的零件数与装配图所画的零件数目对照。

　　（3）除去标准件，检查数据是否对应。

　　（4）检查尺寸标注是否有误，特别是装配尺寸。装配在一起的零件多时，需对照零件图重新校对。

　　（5）技术要求有无遗漏，是否合理。

　　齿轮泵最终的装配图如图 8-42 所示。

　动画演示　　观看"齿轮泵的测绘"动画，明确部件测绘的一般过程。

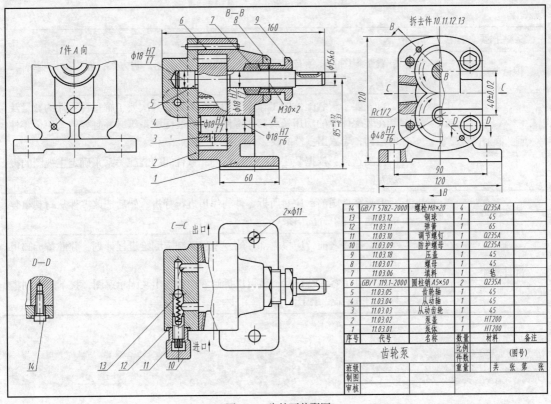

图 8-42　齿轮泵装配图

14	GB/T 5782-2000	螺栓M8×20	4	Q235A	
13	11.03.12	钢球	1	45	
12	11.03.11	弹簧	1	65	
11	11.03.10	调节螺钉	1	Q235A	
10	11.03.09	防护螺母	1	Q235A	
9	11.03.18	压盖	1	45	
8	11.03.07	螺母	1	45	
7	11.03.06	填料	1	毡	
6	GB/T 119.1-2000	圆柱销 A5×50	2	Q235A	
5	11.03.05	齿轮轴	1	45	
4	11.03.04	从动轴	1	45	
3	11.03.03	从动齿轮	1	45	
2	11.03.02	泵盖	1	HT200	
1	11.03.01	泵体	1	HT200	
序号	代号	名称	数量	材料	备注

齿轮泵		比例		(图号)
		件数		
班级		重量		共　张 第　张
制图				
审核				

本章小结

本章主要内容如表 8-1 所示。

表 8-1　　　　　　　　　　　本章主要内容

主 要 内 容	知 识 要 点
装配图的作用和内容	作用：反映设计意图，指导产品生产和组装 内容：一组视图、必要的尺寸、技术要求及序号、标题栏、明细栏
装配图的表达方法	常用画法：规定画法、特殊画法及简化画法
装配图的尺寸标注和技术要求	尺寸标注：性能（规格）尺寸、装配尺寸 技术要求：装配要求、调试和检验要求、性能和使用要求等。技术要求中的文字标注应准确、简练
装配图的零件序号和明细栏	零件序号：相同零件只编一个序号，排列时应整齐美观 明细栏：序号填写顺序由下而上，且必须与图中所注的序号一致
装配结构	包括接触面和配合面的结构、轴和孔的配合结构、锥面的接触结构、紧固件的装配结构、紧固件的装拆结构及防松结构

续表

主 要 内 容	知 识 要 点
识读装配图	看装配图的要领有：看标题，明概况；看视图，明方案；看投射，明结构；看配合，明原理
画装配图	首先要了解装配体的工作原理和装配关系，其次要了解每种零件的数量及其在装配体中的功用及与其他零件之间的装配关系等，并且要熟悉每个零件的结构，想象出零件的投影视图 视图选择：依据装配体的工作原理和零件间的装配关系来确定主视图的投射方向
装配图拆画零件图	拆画零件图前，应对所拆零件的作用进行分析，然后把该零件从与其组装的其他零件中分离出来
部件测绘	测绘部件之前，应根据部件的复杂程度制定测绘进程计划，并准备拆卸用品和工具 在明确了零件特征后，就可以拆卸零件并画出装配示意图，接下来绘制零件草图并绘制装配图

思考与练习

（1）一张完整的装配图应该包括哪些内容？装配图有哪些特殊画法？

（2）简述如何为装配图选择主视图。

（3）装配图中的零、部件序号在编注时应遵守哪些规定？

（4）在装配图中一般应标注哪几类尺寸？

（5）读装配图的目的是什么？应该读懂部件的哪些内容？

附录

1. 螺纹

表 1 　普通螺纹直径、螺距与公差带（摘自 GB/T 192、193、196、197—2003）　单位：mm

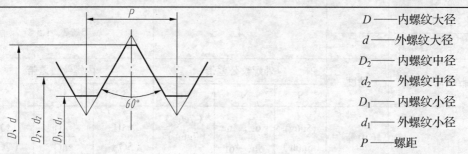

D —— 内螺纹大径
d —— 外螺纹大径
D_2 —— 内螺纹中径
d_2 —— 外螺纹中径
D_1 —— 内螺纹小径
d_1 —— 外螺纹小径
P —— 螺距

标记示例：

M10-6g（粗牙普通外螺纹、公称直径 d=M10、中径及大径公差带均为 6g、中等旋合长度、右旋）

M10 × 1-6H-LH（细牙普通内螺纹、公称直径 D=M10、螺距 P=1、中径及小径公差带均为 6H、中等旋合长度、左旋）

公称直径 D、d			螺距 P	
第一系列	第二系列	第三系列	粗　牙	细　牙
4	—	—	0.7	0.5
5	—	—	0.8	0.5
6	—	—	1	0.75
—	7	—	1	0.75
8	—	—	1.25	1、0.75
10	—	—	1.5	1.25、1、0.75
12	—	—	1.75	1.25、1
—	14	—	2	1.5、1.25、1
—	—	15	—	1.5、1
16	—	—	2	1.5、1
—	18	—	2.5	2、1.5、1
20	—	—	2.5	2、1.5、1
—	22	—	2.5	2、1.5、1

续表

公称直径 D、d			螺距 P	
第一系列	第二系列	第三系列	粗　牙	细　牙
24	—	—	3	2、1.5、1
—	—	25	—	
—	27	—	3	
30	—	—	3.5	（3）、2、1.5、1
—	33	—		（3）、2、1.5
—	—	35	—	1.5
36	—	—	4	3、2、1.5
—	39	—		

螺纹种类	精度	外螺纹公差带			内螺纹公差带		
		S	N	L	S	N	L
普通螺纹	中等	（5g6g） （5h6h）	*6g、*6e 6h、*6f	（7e6e） （7g6g） （7h6h）	*5H （5G）	*6H *6G	*7H （7G）
	粗糙		8g、（8e）	（9e8e） （9g8g）		7H、 （7G）	8H （8G）

注：1. 优先选用第一系列，其次是第二系列，第三系列尽可能不用；括号内尺寸尽可能不用。

2. 大量生产的紧固件螺纹，推荐采用带方框的公差带；带*的公差带优先选用，括号内的公差带尽可能不用。

3. 两种精度选用原则：中等——一般用途；粗糙——对精度要求不高时采用。

表 2　　　　　　　　　　　　　　　　　　管螺纹

55°密封管螺纹（摘自 GB/T 7306.1、7306.2—2000）　　　55°非密封管螺纹（摘自 GB/T 7307—2001）

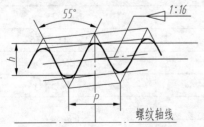

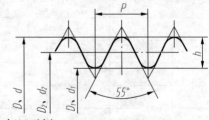

标记示例：
R1/2（尺寸代号 1/2，右旋圆锥外螺纹）
Rc1/2LH（尺寸代号 1/2，左旋圆锥内螺纹）

标记示例：
G1/2LH（尺寸代号 1/2，左旋内螺纹）
G1/2A（尺寸代号 1/2，A 级右旋外螺纹）

续表

尺寸代号	大径 d、D（mm）	中径 d_2、D_2（mm）	小径 d_1、D_1（mm）	螺距 P（mm）	牙高 h（mm）	每25.4mm内的牙数 n
1/4	13.157	12.301	11.445	1.337	0.856	19
3/8	16.662	15.806	14.950			
1/2	20.955	19.793	18.631	1.814	1.162	14
3/4	26.441	25.279	24.117			
1	33.249	31.770	30.291			
1¼	41.910	40.431	38.952			
1½	47.803	46.324	44.845	2.309	1.479	11
2	59.614	58.135	56.656			
2½	75.184	73.705	72.226			
3	87.884	86.405	84.926			

注：大径、中径、小径值，对于 GB/T 7306.1—2000、GB/T 7306.2—2000 为基准平面内的基本直径，对于 GB/T 7307—2001 为基本直径。

2. 常用的标准件

表1　　　　　　　　　　　　　　　六角头螺栓　　　　　　　　　　　　　单位：mm

六角头螺栓　C级（摘自 GB/T 5780—2000）　　　　　　六角头螺栓　全螺纹　C级（摘自 GB/T 5781—2000）

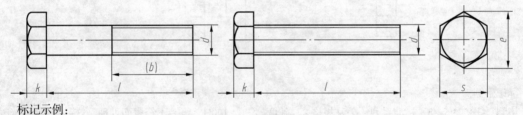

标记示例：

螺栓　GB/T 5780　M20 × 100（螺纹规格 d = M20、公称长度 l = 100、性能等级为 4.8 级、不经表面处理、杆身半螺纹、产品等级为 C 级的六角头螺栓）

螺纹规格 d		M5	M6	M8	M10	M12	M16	M20	M24	M30	M36	M42
b 参考	l 公称 ≤ 125	16	18	22	26	30	38	46	54	66	—	—
	125 < l 公称 ≤ 200	22	24	28	32	36	44	52	60	72	84	96
	l 公称 > 200	35	37	41	45	49	57	65	73	85	97	109
k 公称		3.5	4.0	5.3	6.4	7.5	10	12.5	15	18.7	22.5	26
s_{max}		8	10	13	16	18	24	30	36	46	55	65
e_{min}		8.63	10.9	14.2	17.6	19.9	26.2	33.0	39.6	50.9	60.8	71.3
l 范围	GB/T 5780	25~50	30~60	35~80	40~100	45~120	55~160	65~200	80~240	90~300	110~300	160~420
	GB/T 5781	10~40	12~50	16~65	20~80	25~100	35~100	40~100	50~100	60~100	70~100	80~420
l 公称		10、12、16、20~50（5 进位）、（55）、60、（65）、70~160（10 进位）、180、220~500（20 进位）										

表2　　　　　　　　六角螺母　C级（摘自 GB/T 41—2000）　　　　单位：mm

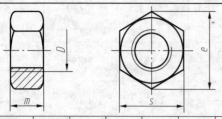

标记示例：

螺母　GB/T 41　M10

（螺纹规格 D = M10、性能等级为5级、不经表面处理、产品等级为C级的六角螺母）

螺纹规格 D	M5	M6	M8	M10	M12	M16	M20	M24	M30	M36	M42	M48	M56
s_{max}	8	10	13	16	18	24	30	36	46	55	65	75	85
e_{min}	8.63	10.89	14.20	17.59	19.85	26.17	32.95	39.55	50.85	60.79	72.3	82.6	93.56
m_{max}	5.6	6.4	7.9	9.5	12.2	15.9	19	22.3	26.4	31.9	34.9	38.9	45.9

表3　　　　　　　　　　　　　　平垫圈　　　　　　　　　　　　　单位：mm

平垫圈　A级（GB/T 97.1—2002）　　平垫圈　C级（GB/T 95—2002）　　平垫圈　倒角型　A级（GB/T 97.2—2002）

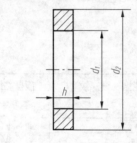
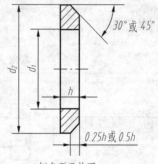

平垫圈　　　　　　　　　　倒角型平垫圈

标记示例：

垫圈　GB/T 95　8（标准系列、公称规格8、硬度等级为100HV级、不经表面处理、产品等级为C级的的平垫圈）

垫圈　GB/T 97.2　10（标准系列、公称规格10、硬度等级为140HV级、倒角型、不经表面处理、产品等级为A级的的平垫圈）

公称规格（螺纹大径 d ）		4	5	6	8	10	12	16	20	24	30	36	42	48
GB/T 97.1（A级）	d_1	4.3	5.3	6.4	8.4	10.5	13.0	17	21	25	31	37	45	52
	d_2	9	10	12	16	20	24	30	37	44	56	66	78	92
	h	0.8	1	1.6	1.6	2	2.5	3	3	4	4	5	8	8
GB/T 97.2（A级）	d_1	—	5.3	6.4	8.4	10.5	13	17	21	25	31	37	45	52
	d_2	—	10	12	16	20	24	30	37	44	56	66	78	92
	h	—	1	1.6	1.6	2	2.5	3	3	4	4	5	8	8
GB/T 95（C级）	d_1	4.5	5.5	6.6	9	11	13.5	17.5	22	26	33	39	45	52
	d_2	9	10	12	16	20	24	30	37	44	56	66	78	92
	h	0.8	1	1.6	1.6	2	2.5	3	3	4	4	5	8	8

注：A级适用于精装配系列，C级适用于中等装配系列。

表 4	平键及键槽各部尺寸（摘自 GB/T 1095、1096—2003）	单位：mm

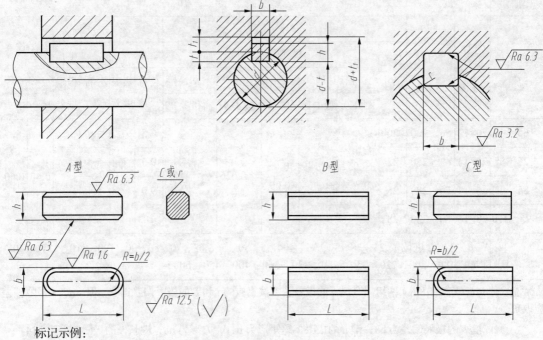

A型　　C或r　　　　　　　　　　B型　　　　　　　　C型

标记示例：

GB/T 1096　键 16×10×100（普通 A 型平键、b=16、h=10、L=100）

GB/T 1096　键 B16×10×100（普通 B 型平键、b=16、h=10、L=100）

GB/T 1096　键 C16×10×100（普通 C 型平键、b=16、h=10、L=100）

轴	键		键　槽									
			宽度 b					深　　度				半径 r
公称直径 d	公称尺寸 b×h	长度 L	公称尺寸 b	极　限　偏　差				轴 t		毂 t_1		
				松连接		正常连接		紧密连接	公称尺寸	极限偏差	公称尺寸	极限偏差	
				轴 H9	毂 D10	轴 N9	毂 JS9	轴和毂 P9					最小	最大
>10～12	4×4	8～45	4	+0.030 0	+0.078 +0.030	0 -0.030	±0.015	-0.012 -0.042	2.5	+0.1 0	1.8	+0.1 0	0.08	0.16
>12～17	5×5	10～56	5						3.0		2.3			
>17～22	6×6	14～70	6						3.5		2.8		0.16	0.25
>22～30	8×7	18～90	8	+0.036 0	+0.098 +0.040	0 -0.036	±0.018	-0.015 -0.051	4.0		3.3			
>30～38	10×8	22～110	10						5.0		3.3			
>38～44	12×8	28～140	12	+0.043 0	+0.120 +0.050	0 -0.043	±0.0215	-0.018 -0.061	5.0	+0.2 0	3.3	+0.2 0	0.25	0.40
>44～50	14×9	36～160	14						5.5		3.8			
>50～58	16×10	45～180	16						6.0		4.3			
>58～65	18×11	50～200	18						7.0		4.4			

续表

轴	键		键 槽										
			宽度 b					深 度				半径 r	
公称直径 d	公称尺寸 b×h	长度 L	公称尺寸 b	极 限 偏 差				轴 t		毂 t_1			
				松连接		正常连接		紧密连接	公称尺寸	极限偏差	公称尺寸	极限偏差	最小	最大
				轴 H9	毂 D10	轴 N9	毂 JS9	轴和毂 P9						
>65~75	20×12	56~220	20	+0.052 0	+0.149 +0.065	0 −0.052	± 0.026	−0.022 −0.074	7.5	+0.2 0	4.9		0.40	0.60
>75~85	22×14	63~250	22						9.0		5.4			
>85~95	25×14	70~280	25						9.0		5.4			
>95~110	28×16	80~320	28						10		6.4			
L 系列	6~22（2 进位）、25、28、32、36、40、45、50、56、63、70、80、90、100、110、125、140、160、180、200、220、250、280、320、360、400、450、500													

注：1.（d−t）和（d+t_1）两组组合尺寸的极限偏差按相应的 t 和 t_1 的极限偏差选取，但（d−t）极限偏差应取负号（−）。

2. 键 b 的极限偏差为 h8；键 h 的极限偏差矩形为 h11，方形为 h8；键长 L 的极限偏差为 h14。

表5　　　　　　　圆柱销　不淬硬钢和奥氏体不锈钢（摘自 GB/T 119.1—2000）　　　　单位：mm

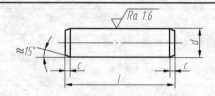

标记示例：

销 GB/T 119.1　10m6×90（公称直径 d=10、公差为 m6、公称长度 l=90、材料为钢、不经淬火、不经表面处理的圆柱销）

销 GB/T 119.1　10m6×90-A1（公称直径 d=10、公差为 m6、公称长度 l=90、材料为 A1 组奥氏体不锈钢、表面简单处理的圆柱销）

$d_{公称}$	2	2.5	3	4	5	6	8	10	12	16	20	25
c≈	0.35	0.4	0.5	0.63	0.8	1.2	1.6	2.0	2.5	3.0	3.5	4.0
$l_{范围}$	6~20	6~24	8~30	8~40	10~50	12~60	14~80	18~95	22~140	26~180	35~200	50~200
$l_{公称}$	2、3、4、5、6~32（2 进位）、35~100（5 进位）、120~200（20 进位）（公称长度大于 200，按 20 递增）											

表 6	圆锥销（摘自 GB/T 117—2000）	单位：mm

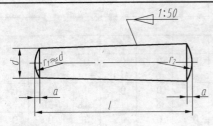

A 型（磨削）：锥面表面粗糙度 $Ra = 0.8\mu m$

B 型（切削或冷镦）：锥面表面粗糙度 $Ra = 3.2\mu m$

$$r_2 \approx \frac{a}{2} + d + \frac{(0.02l)^2}{8a}$$

标记示例：

销 GB/T 117 6×30(公称直径 d=6、公称长度 l=30、材料为 35 钢、热处理硬度 28～38HRC、表面氧化处理的 A 型圆锥销)

d 公称	2	2.5	3	4	5	6	8	10	12	16	20	25
$a\approx$	0.25	0.3	0.4	0.5	0.63	0.8	1.0	1.2	1.6	2.0	2.5	3.0
l 范围	10～35	10～35	12～45	14～55	18～60	22～90	22～120	26～160	32～180	40～200	45～200	50～200
l 公称	2、3、4、5、6～32（2 进位）、35～100（5 进位）、120～200（20 进位）（公称长度大于 200，按 20 递增）											

表 7	深沟球轴承（摘自 GB/T 276—1994）	单位：mm

轴承代号	d	D	B	轴承代号	d	D	B	轴承代号	d	D	B
尺寸系列〔（0）2〕				尺寸系列〔（0）3〕				尺寸系列〔（0）4〕			
6202	15	35	11	6302	15	42	13	6403	17	62	17
6203	17	40	12	6303	17	47	14	6404	20	72	19
6204	20	47	14	6304	20	52	15	6405	25	80	21
6205	25	52	15	6305	25	62	17	6406	30	90	23
6206	30	62	16	6306	30	72	19	6407	35	100	25
6207	35	72	17	6307	35	80	21	6408	40	110	27
6208	40	80	18	6308	40	90	23	6409	45	120	29
6209	45	85	19	6309	45	100	25	6410	50	130	31
6210	50	90	20	6310	50	110	27	6411	55	140	33
6211	55	100	21	6311	55	120	29	6412	60	150	35
6212	60	110	22	6312	60	130	31	6413	65	160	37

标记示例：

滚动轴承 6310

GB/T 276

注：圆括号中的尺寸系列代号在轴承型号中省略。

3. 极限与配合

表 1   优先及常用轴公差带及其极限

代号		a	b	c	d	e	f	g	h					
公称尺寸(mm)													公	差
大于	至	11	11	*11	*9	8	*7	*6	5	*6	*7	8	*9	10
	3	−270/−330	−140/−200	−60/−120	−20/−45	−14/−28	−6/−16	−2/−8	0/−4	0/−6	0/−10	0/−14	0/−25	0/−40
3	6	−270/−345	−140/−215	−70/−145	−30/−60	−20/−38	−10/−22	−4/−12	0/−5	0/−8	0/−12	0/−18	0/−30	0/−48
6	10	−280/−370	−150/−240	−80/−170	−40/−76	−25/−47	−13/−28	−5/−14	0/−6	0/−9	0/−15	0/−22	0/−36	0/−58
10	14	−290/−400	−150/−260	−95/−205	−50/−93	−32/−59	−16/−34	−6/−17	0/−8	0/−11	0/−18	0/−27	0/−43	0/−70
14	18	−290/−400	−150/−260	−95/−205	−50/−93	−32/−59	−16/−34	−6/−17	0/−8	0/−11	0/−18	0/−27	0/−43	0/−70
18	24	−300/−430	−160/−290	−110/−240	−65/−117	−40/−73	−20/−41	−7/−20	0/−9	0/−13	0/−21	0/−33	0/−52	0/−84
24	30	−300/−430	−160/−290	−110/−240	−65/−117	−40/−73	−20/−41	−7/−20	0/−9	0/−13	0/−21	0/−33	0/−52	0/−84
30	40	−310/−470	−170/−330	−120/−280	−80/−142	−50/−89	−25/−50	−9/−25	0/−11	0/−16	0/−25	0/−39	0/−62	0/−100
40	50	−320/−480	−180/−340	−130/−290	−80/−142	−50/−89	−25/−50	−9/−25	0/−11	0/−16	0/−25	0/−39	0/−62	0/−100
50	65	−340/−530	−190/−380	−140/−330	−100/−174	−60/−106	−30/−60	−10/−29	0/−13	0/−19	0/−30	0/−46	0/−74	0/−120
65	80	−360/−550	−200/−390	−150/−340	−100/−174	−60/−106	−30/−60	−10/−29	0/−13	0/−19	0/−30	0/−46	0/−74	0/−120
80	100	−380/−600	−220/−440	−170/−390	−120/−207	−72/−126	−36/−71	−12/−34	0/−15	0/−22	0/−35	0/−54	0/−87	0/−140
100	120	−410/−630	−240/−460	−180/−400	−120/−207	−72/−126	−36/−71	−12/−34	0/−15	0/−22	0/−35	0/−54	0/−87	0/−140
120	140	−460/−710	−260/−510	−200/−450	−145/−245	−85/−148	−43/−83	−14/−39	0/−18	0/−25	0/−40	0/−63	0/−100	0/−160
140	160	−520/−770	−280/−530	−210/−460	−145/−245	−85/−148	−43/−83	−14/−39	0/−18	0/−25	0/−40	0/−63	0/−100	0/−160
160	180	−580/−830	−310/−560	−230/−480	−145/−245	−85/−148	−43/−83	−14/−39	0/−18	0/−25	0/−40	0/−63	0/−100	0/−160
180	200	−660/−950	−340/−630	−240/−530	−170/−285	−100/−172	−50/−96	−15/−44	0/−20	0/−29	0/−46	0/−72	0/−115	0/−185
200	225	−740/−1030	−380/−670	−260/−550	−170/−285	−100/−172	−50/−96	−15/−44	0/−20	0/−29	0/−46	0/−72	0/−115	0/−185
225	250	−820/−1110	−420/−710	−280/−570	−170/−285	−100/−172	−50/−96	−15/−44	0/−20	0/−29	0/−46	0/−72	0/−115	0/−185
250	280	−920/−1240	−480/−800	−300/−620	−190/−320	−110/−191	−56/−108	−17/−49	0/−23	0/−32	0/−52	0/−81	0/−130	0/−210
280	315	−1050/−1370	−540/−860	−330/−650	−190/−320	−110/−191	−56/−108	−17/−49	0/−23	0/−32	0/−52	0/−81	0/−130	0/−210
315	355	−1200/−1560	−600/−960	−360/−720	−210/−350	−125/−214	−62/−119	−18/−54	0/−25	0/−36	0/−57	0/−89	0/−140	0/−230
355	400	−1350/−1710	−680/−1040	−400/−760	−210/−350	−125/−214	−62/−119	−18/−54	0/−25	0/−36	0/−57	0/−89	0/−140	0/−230
400	450	−1500/−1900	−760/−1160	−440/−840	−230/−385	−135/−232	−68/−131	−20/−60	0/−27	0/−40	0/−63	0/−97	0/−155	0/−250
450	500	−1650/−2050	−840/−1240	−480/−880	−230/−385	−135/−232	−68/−131	−20/−60	0/−27	0/−40	0/−63	0/−97	0/−155	0/−250

注:带"*"者为优先选用的轴公差带。

偏差（摘自 GB/T 1800.4—1999、GB/T 1801—1999）　　　　　单位：μm

		js	k	m	n	p	r	s	t	u	v	x	y	z
		等 级												
*11	12	6	*6	6	*6	*6	6	*6	6	*6	6	6	6	6
0/−60	0/−100	±3	+6/0	+8/+2	+10/+4	+12/+6	+16/+10	+20/+14	—	+24/+18	—	+26/+20	—	+32/+26
0/−75	0/−120	±4	+9/+1	+12/+4	+16/+8	+20/+12	+23/+15	+27/+19	—	+31/+23	—	+36/+28	—	+43/+35
0/−90	0/−150	±4.5	+10/+1	+15/+6	+19/+10	+24/+15	+28/+19	+32/+23	—	+37/+28	—	+43/+34	—	+51/+42
0/−110	0/−180	±5.5	+12/+1	+18/+7	+23/+12	+29/+18	+34/+23	+39/+28	—	+44/+33	—	+51/+40	—	+61/+50
											+50/+39	+56/+45	—	+71/+60
0/−130	0/−210	±6.5	+15/+2	+21/+8	+28/+15	+35/+22	+41/+28	+48/+35	—	+54/+41	+60/+47	+67/+54	+76/+63	+86/+73
									+54/+41	+61/+48	+68/+55	+77/+64	+88/+75	+101/+88
0/−160	0/−250	±8	+18/+2	+25/+9	+33/+17	+42/+26	+50/+34	+59/+43	+64/+48	+76/+60	+84/+68	+96/+80	+110/+94	+128/+112
									+70/+54	+86/+70	+97/+81	+113/+97	+130/+114	+152/+136
0/−190	0/−300	±9.5	+21/+2	+30/+11	+39/+20	+51/+32	+60/+41	+72/+53	+85/+66	+106/+87	+121/+102	+141/+122	+163/+144	+191/+172
							+62/+43	+78/+59	+94/+75	+121/+102	+139/+120	+165/+146	+193/+174	+229/+210
0/−220	0/−350	±11	+25/+3	+35/+13	+45/+23	+59/+37	+73/+51	+93/+71	+113/+91	+146/+124	+168/+146	+200/+178	+236/+214	+280/+258
							+76/+54	+101/+79	+126/+104	+166/+144	+194/+172	+232/+210	+276/+254	+332/+310
0/−250	0/−400	±12.5	+28/+3	+40/+15	+52/+27	+68/+43	+88/+63	+117/+92	+147/+122	+195/+170	+227/+202	+273/+248	+325/+300	+390/+365
							+90/+65	+125/+100	+159/+134	+215/+190	+253/+228	+305/+280	+365/+340	+440/+415
							+93/+68	+133/+108	+171/+146	+235/+210	+277/+252	+335/+310	+405/+380	+490/+465
0/−290	0/−460	±14.5	+33/+4	+46/+17	+60/+31	+79/+50	+106/+77	+151/+122	+195/+166	+265/+236	+313/+284	+379/+350	+454/+425	+549/+520
							+109/+80	+159/+130	+209/+180	+287/+258	+339/+310	+414/+385	+499/+470	+604/+575
							+113/+84	+169/+140	+225/+196	+313/+284	+369/+340	+454/+425	+549/+520	+669/+640
0/−320	0/−520	±16	+36/+4	+52/+20	+66/+34	+88/+56	+126/+94	+190/+158	+250/+218	+347/+315	+417/+385	+507/+475	+612/+580	+742/+710
							+130/+98	+202/+170	+272/+240	+382/+350	+457/+425	+557/+525	+682/+650	+822/+790
0/−360	0/−570	±18	+40/+4	+57/+21	+73/+37	+98/+62	+144/+108	+226/+190	+304/+268	+426/+390	+511/+475	+626/+590	+766/+730	+936/+900
							+150/+114	+244/+208	+330/+294	+471/+435	+566/+530	+696/+660	+856/+820	+1036/+1000
0/−400	0/−630	±20	+45/+5	+63/+23	+80/+40	+108/+68	+166/+126	+272/+232	+370/+330	+530/+490	+635/+595	+780/+740	+960/+920	+1140/+1100
							+172/+132	+292/+252	+400/+360	+580/+540	+700/+660	+860/+820	+1040/+1000	+1290/+1250

表2 　　　　　　　　　　　　　　　　　　　　　　　　优先及常用孔公差带及其极限

代号		A	B	C	D	E	F	G	H					
基本尺寸（mm）													公	差
大于	至	11	11	*11	*9	8	*8	*7	6	*7	*8	*9	10	*11
—	3	+330 +270	+200 +140	+120 +60	+45 +20	+28 +14	+20 +6	+12 +2	+6 0	+10 0	+14 0	+25 0	+40 0	+60 0
3	6	+345 +270	+215 +140	+145 +70	+60 +30	+38 +20	+28 +10	+16 +4	+8 0	+12 0	+18 0	+30 0	+48 0	+75 0
6	10	+370 +280	+240 +150	+170 +80	+76 +40	+47 +25	+35 +13	+20 +5	+9 0	+15 0	+22 0	+36 0	+58 0	+90 0
10	14	+400 +290	+260 +150	+205 +95	+93 +50	+59 +32	+43 +16	+24 +6	+11 0	+18 0	+27 0	+43 0	+70 0	+110 0
14	18													
18	24	+430 +300	+290 +160	+240 +110	+117 +65	+73 +40	+53 +20	+28 +7	+13 0	+21 0	+33 0	+52 0	+84 0	+130 0
24	30													
30	40	+470 +310	+330 +170	+280 +120	+142 +80	+89 +50	+64 +25	+34 +9	+16 0	+25 0	+39 0	+62 0	+100 0	+160 0
40	50	+480 +320	+340 +180	+290 +130										
50	65	+530 +340	+380 +190	+330 +140	+174 +100	+106 +60	+76 +30	+40 +10	+19 0	+30 0	+46 0	+74 0	+120 0	+190 0
65	80	+550 +360	+390 +200	+340 +150										
80	100	+600 +380	+440 +220	+390 +170	+207 +120	+125 +72	+90 +36	+47 +12	+22 0	+35 0	+54 0	+87 0	+140 0	+220 0
100	120	+630 +410	+460 +240	+400 +180										
120	140	+710 +460	+510 +260	+450 +200	+245 +145	+148 +85	+106 +43	+54 +14	+25 0	+40 0	+63 0	+100 0	+160 0	+250 0
140	160	+770 +520	+530 +280	+460 +210										
160	180	+830 +580	+560 +310	+480 +230										
180	200	+950 +660	+630 +340	+530 +240	+285 +170	+172 +100	+122 +50	+61 +15	+29 0	+46 0	+72 0	+115 0	+185 0	+290 0
200	225	+1030 +740	+670 +380	+550 +260										
225	250	+1110 +820	+710 +420	+570 +280										
250	280	+1240 +920	+800 +480	+620 +300	+320 +190	+191 +110	+137 +56	+69 +17	+32 0	+52 0	+81 0	+130 0	+210 0	+320 0
280	315	+1370 +1050	+860 +540	+650 +330										
315	355	+1560 +1200	+960 +600	+720 +360	+350 +210	+214 +125	+151 +62	+75 +18	+36 0	+57 0	+89 0	+140 0	+230 0	+360 0
355	400	+1710 +1350	+1040 +680	+760 +400										
400	450	+1900 +1500	+1160 +760	+840 +440	+385 +230	+232 +135	+165 +68	+83 +20	+40 0	+63 0	+97 0	+155 0	+250 0	+400 0
450	500	+2050 +1650	+1240 +840	+880 +480										

注：带 "*" 者为优先选用的孔公差带。

偏差（摘自 GB/T 1800.4—1999、GB/T 1801—1999）　　　　单位：μm

	JS		K			M	N		P		R	S	T	U
等级														
12	6	7	6	*7	8	7	6	*7	6	*7	7	*7	7	*7
+100 / 0	±3	±5	0 / −6	0 / −10	0 / −14	−2 / −12	−4 / −10	−4 / −14	−6 / −12	−6 / −16	−10 / −20	−14 / −24	—	−18 / −28
+120 / 0	±4	±6	+2 / −6	+3 / −9	+5 / −13	0 / −12	−5 / −13	−4 / −16	−9 / −17	−8 / −20	−11 / −23	−15 / −27	—	−19 / −31
+150 / 0	±4.5	±7	+2 / −7	+5 / −10	+6 / −16	0 / −15	−7 / −16	−4 / −19	−12 / −21	−9 / −24	−13 / −28	−17 / −32	—	−22 / −37
+180 / 0	±5.5	±9	+2 / −9	+6 / −12	+8 / −19	0 / −18	−9 / −20	−5 / −23	−15 / −26	−11 / −29	−16 / −34	−21 / −39	—	−26 / −44
+210 / 0	±6.5	±10	+2 / −11	+6 / −15	+10 / −23	0 / −21	−11 / −24	−7 / −28	−18 / −31	−14 / −35	−20 / −41	−27 / −48	—	−33 / −54
													−33 / −54	−40 / −61
+250 / 0	±8	±12	+3 / −13	+7 / −18	+12 / −27	0 / −25	−12 / −28	−8 / −33	−21 / −37	−17 / −42	−25 / −50	−34 / −59	−39 / −64	−51 / −76
													−45 / −70	−61 / −86
+300 / 0	±9.5	±15	+4 / −15	+9 / −21	+14 / −32	0 / −30	−14 / −33	−9 / −39	−26 / −45	−21 / −51	−30 / −60	−42 / −72	−55 / −85	−76 / −106
											−32 / −62	−48 / −78	−64 / −94	−91 / −121
+350 / 0	±11	±17	+4 / −18	+10 / −25	+16 / −38	0 / −35	−16 / −38	−10 / −45	−30 / −52	−24 / −59	−38 / −73	−58 / −93	−78 / −113	−111 / −146
											−41 / −76	−66 / −101	−91 / −126	−131 / −166
+400 / 0	±12.5	±20	+4 / −21	+12 / −28	+20 / −43	0 / −40	−20 / −45	−12 / −52	−36 / 61	−28 / 68	−48 / −88	−77 / −117	−107 / −147	−155 / −195
											−50 / 90	−85 / 125	−119 / 159	−175 / −215
											−53 / −93	−93 / −133	−131 / −171	−195 / −235
+460 / 0	±14.5	±23	+5 / −24	+13 / −33	+22 / −50	0 / −46	−22 / −51	−14 / −60	−41 / −70	−33 / −79	−60 / −106	−105 / −151	−149 / −195	−219 / −265
											−63 / −109	−113 / −159	−163 / −209	−241 / −287
											−67 / −113	−123 / −169	−179 / −225	−267 / −313
+520 / 0	±16	±26	+5 / −27	+16 / −36	+25 / −56	0 / −52	−25 / −57	−14 / −66	−47 / −79	−36 / −88	−74 / −126	−138 / −190	−198 / −250	−295 / −347
											−78 / −130	−150 / −202	−220 / −272	−330 / −382
+570 / 0	±18	±28	+7 / −29	+17 / −40	+28 / −61	0 / −57	−26 / −62	−16 / −73	−51 / −87	−41 / −98	−87 / −144	−169 / −226	−247 / −304	−369 / −426
											−93 / −150	−187 / −244	−273 / −330	−414 / −471
+630 / 0	±20	±31	+8 / −32	+18 / −45	+29 / −68	0 / −63	−27 / −67	−17 / −80	−55 / −95	−45 / −108	−103 / −166	−209 / −272	−307 / −370	−467 / −530
											−109 / −172	−229 / −292	−337 / −400	−517 / −580

4. 常用材料及热处理名词解释

表1 常用钢材（摘自 GB/T 700—1988、GB/T 699—1999、GB/T 3077—1999、GB/T 11352—2009）

名　　称	钢　号	应 用 举 例	说　　明
碳素结构钢	Q215-A	受力不大的铆钉、螺钉、轮轴、凸轮、焊件、渗碳件	"Q"表示屈服点，数字表示屈服点数值，A、B等表示质量等级
	Q235-A	螺栓、螺母、拉杆、钩、连杆、楔、轴、焊件	
	Q235-B	金属构造物中一般机件、拉杆、轴、焊件	
	Q255-A	重要的螺钉、拉杆、钩、楔、连杆、轴、销、齿轮	
	Q275	键、牙嵌离合器、链板、闸带、受大静载荷的齿轮轴	
优质碳素结构钢	08F	要求可塑性好的零件：管子、垫片、渗碳件、氰化件	1. 数字表示钢中平均含碳量的万分数，如"45"表示平均含碳量为0.45% 2. 序号表示抗拉强度，硬度依次增加，延伸率依次降低
	15	渗碳件、紧固件、冲模锻件、化工容器	
	20	杠杆、轴套、钩、螺钉、渗碳件与氰化件	
	25	轴、辊子、连接器、紧固件中的螺栓、螺母	
	30	曲轴、转轴、轴销、连杆、横梁、星轮	
	35	曲轴、摇杆、拉杆、键、销、螺栓、转轴	
	40	齿轮、齿条、链轮、凸轮、轧辊、曲柄轴	
	45	齿轮、轴、联轴器、衬套、活塞销、链轮	
	50	活塞杆、齿轮、不重要的弹簧	
	55	齿轮、连杆、扁弹簧、轧辊、偏心轮、轮圈、轮缘	
	60	叶片、弹簧	
	30Mn	螺栓、杠杆、制动板	含锰量为 0.7%～1.2%的优质碳素钢
	40Mn	用于承受疲劳载荷零件：轴、曲轴、万向联轴器	
	50Mn	用于高负荷下耐磨的热处理零件：齿轮、凸轮、摩擦片	
	60Mn	弹簧、发条	
合金结构钢	铬钢	15Cr	渗碳齿轮、凸轮、活塞销、离合器	1. 合金结构钢前面两位数字表示钢中含碳量的万分数 2. 合金元素以化学符号表示 3. 合金元素含量小于1.5%时，仅注出元素符号
		20Cr	较重要的渗碳件	
		30Cr	重要的调质零件：轮轴、齿轮、摇杆、重要的螺栓、滚子	
		40Cr	较重要的调质零件：齿轮、进气阀、辊子、轴	
		45Cr	强度及耐磨性高的轴、齿轮、螺栓	
	铬锰钛钢	20CrMnTi	汽车上的重要渗碳件：齿轮	
		30CrMnTi	汽车、拖拉机上强度特高的渗碳齿轮	
铸钢		ZG230-450	机座、箱体、支架	"ZG"表示铸钢，数字表示屈服点及抗拉强度（MPa）
		ZG310-570	齿轮、飞轮、机架	

表 2 常用铸铁（摘自 GB/T 9439—1988、GB/T 1348—1988、GB/T 9400—1988）

名　称	牌　号	硬度/HB	应用举例	说　明
灰铸铁	HT100	114～173	机床中受轻负荷，磨损无关重要的铸件，如托盘、把手、手轮等	"HT"是灰铸铁代号，其后数字表示抗拉强度（MPa）
	HT150	132～197	承受中等弯曲应力、摩擦面间压强高于500MPa 的铸件，如机床底座、工作台、汽车变速箱、泵体、阀体、阀盖等	
	HT200	151～229	承受较大弯曲应力、要求保持气密性的铸件，如机床立柱、刀架、齿轮箱体、床身、油缸、泵体、阀体、带轮、轴承盖和架等	
	HT250	180～269	承受较大弯曲应力、要求体质气密性的铸件，如气缸套、齿轮、机床床身、立柱、齿轮箱体、油缸、泵体、阀体等	
	HT300	207～313	承受高弯曲应力、拉应力，要求高度气密性的铸件，如高压油缸、泵体、阀体、汽轮机隔板等	
	HT350	238～357	轧钢滑板、辊子、炼焦柱塞等	
球墨铸铁	QT400-15 QT400-18	130～180 130～180	韧性高，低温性能好，且有一定的耐蚀性，用于制作汽车、拖拉机中的轮毂、壳体、离合器拨叉等	"QT"为球墨铸铁代号，其后第 1 组数字表示抗拉强度（MPa），第 2 组数字表示延伸率（%）
	QT500-7 QT450-10 QT600-3	170～230 160～210 190～270	具有中等强度和韧性，用于制作内燃机中油泵齿轮、汽轮机的中温气缸隔板、水轮机阀门体等	
可锻铸铁	KTH300-06	≤150	用于承受冲击、振动等零件，如汽车零件、机床附件、各种管接头、低压阀门、曲轴和连杆等	"KTH"、"KTZ"、"KTB"分别为黑心、珠光体、白心可锻铸铁代号，其后第 1 组数字表示抗拉强度（MPa），第 2 组数字表示延伸率（%）
	KTH350-10	≤150		
	KTZ450-06	150～200		
	KTB400-05	≤220		

表 3 常用有色金属及其合金（摘自 GB/T 1176—1987、GB/T 3190—1996）

名称或代号	牌　号	主要用途	说　明
普通黄铜	H62	散热器、垫圈、弹簧、各种网、螺钉等零件	"H"表示黄铜，字母后的数字表示含铜的平均百分数
40-2 锰黄铜	ZCuZn40Mn2	轴瓦、衬套及其他耐磨零件	"Z"表示铸造，字母后的数字表示含铜、锰、锌的平均百分数
5-5-5 锡青铜	ZCuSn5Pb5Zn5	在较高负荷和中等滑动速度下工作的耐磨、耐蚀零件	字母后的数字表示含锡、铅、锌的平均百分数
9-2 铝青铜 10-3 铝青铜	ZCuAl9Mn2 ZCuAl10Fe3	耐蚀、耐磨零件，要求气密性高的铸件，高强度、耐磨、耐蚀零件及 250℃以下工作的管配件	字母后的数字表示含铝、锰或铁的平均百分数

续表

名称或代号	牌　号	主要用途	说　明
17-4-4 铅青铜	ZCuPbl7Sn4ZnA	高滑动速度的轴承和一般耐磨件等	字母后的数字表示含铅、锡、锌的平均百分数
ZL201（铝铜合金） ZL301（铝铜合金）	ZAlCu5Mn ZAlCuMg10	用于铸造形状较简单的零件，如支臂、挂架梁等 用于铸造小型零件，如海轮配件、航空配件等	"L" 表示铝，数字表示顺序号
硬铝	LY12	高强度硬铝，适用于制造高负荷零件及构件，但不包括冲压件和锻压件，如飞机骨架等	"LY" 表示硬铝，数字表示顺序号

表 4　　　　　　　　　　　　　　　常用非金属材料

材料名称及标准号		牌　号	说　明	特性及应用举例
工业用橡胶板	耐酸橡胶板（GB/T 5574）	2807 2709	较高硬度 中等硬度	具有耐酸碱性能，用作冲制密封性能较好的垫圈
	耐油橡胶板（GB/T 5574）	3707 3709	较高硬度	可在一定温度的油中工作，适用冲制各种形状的垫圈
	耐热橡胶板（GB/T 5574）	4708 4710	较高硬度 中等硬度	可在热空气、蒸汽（100℃）中工作，用作冲制各种垫圈和隔热垫板
尼龙		尼龙66 尼龙1010	具有高抗拉强度和冲击韧性，耐热（>100℃）、耐弱酸、耐弱碱、耐油性好	用于制作齿轮等传动零件，有良好的消音性，运转时噪声小
耐油橡胶石板板（GB/T 539）			厚度为 0.4～3.0mm 的 10 种规格	供航空发动机的煤油、润滑油及冷气系统结合处的密封衬垫材料
毛毡（FJ/T 314）			厚度为 1～30mm	用作密封、防漏油、防震、缓冲衬垫等，按需选用细毛、半粗毛、粗毛
有机玻璃板（HG/T 2-343）			耐盐酸、硫酸、草酸、烧碱和纯碱等一般碱性及二氧化碳、臭氧等腐蚀	适用于耐腐蚀和需要透明的零件，如油标、油杯、透明管道等

表 5　　　　　　　　　　　　常用的热处理及表面处理名词解释

名词	代号及标注示例	说　明	应　用
退火	5111	将钢件加热到临界温度（一般是 710℃～715℃，个别合金钢 800℃～900℃）以上 30℃～50℃，保温一段时间，然后缓慢冷却（一般在炉中冷却）	用来消除铸、锻、焊零件的内应力、降低硬度，便于切削加工，细化金属晶粒，改善组织，增加韧性
正火	5121	将钢件加热到临界温度以上，保温一段时间，然后用空气冷却，冷却速度比退火快	用来处理低碳和中碳结构钢及渗碳零件，使其组织细化，增加强度与韧性，减少内应力，改善切削性能

名词		代号及标注示例	说　明	应　用
淬火		5131	将钢件加热到临界温度以上，保温一段时间，然后在水、盐水或油中（个别材料在空气中）急速冷却，使其得到高硬度	用来提高钢的硬度和强度极限，但淬火会引起内应力使钢变脆，所以淬火后必须回火
回火		5141	回火是将淬硬的钢件加热到临界点以下的温度，保温一段时间，然后在空气中或油中冷却下来	用来消除淬火后的脆性和内应力，提高钢的塑性和冲击韧性
调质		5151	淬火后在 450℃～650℃进行高温回火，称为调质	用来使钢获得高的韧性和足够的强度，重要的齿轮、轴及丝杆等零件是调质处理的
表面淬火	火陷淬火	H54：火焰淬火后，回火到50～55HRC	用火焰或高频电流将零件表面迅速加热至临界温度以上，急速冷却	使零件表面获得高硬度，而心部保持一定的韧性，使零件既耐磨又能承受冲击，表面淬火常用来处理齿轮等
	高频淬火	G52：高频淬火后，回火到50～55HRC		
渗碳淬火		5311g	在渗碳剂中将钢件加热到 900℃～950℃，停留一定时间，将碳渗入钢表面，深度约为 0.5～2mm，再淬火后回火	增加钢件的耐磨性能、表面硬度、抗拉强度和疲劳极限 适用于低碳、中碳（含量<0.40%）结构钢的中小型零件
氮化		5330	氮化是在 500℃～600℃通入氮的炉子内加热，向钢的表面渗入氮原子的过程，氮化层为 0.025～0.8mm，氮化时间需 40～50h	增加钢件的耐磨性能、表面硬度、疲劳极限和抗蚀能力 适用于合金钢、碳钢、铸铁件，如机床主轴、丝杆以及在潮湿碱水和燃烧气体介质的环境中工作的零件
氰化		5320	在 820℃～860℃炉内通入碳和氮，保温 1～2h，使钢件的表面同时渗入碳、氮原子，可得到 0.2～0.5mm 的氰化层	增加表面硬度、耐磨性、疲劳强度和耐蚀性 用于要求硬度高、耐磨的中小型零件及薄片零件和刀具等
时效处理		时效	低温回火后、精加工之前，加热到 100℃～160℃，保持 10～40h，对铸件也可用天然时效（放在露天中一年以上）	使工件消除内应力和稳定形状，用于量具、精密丝杆、床身导轨、床身等
发蓝发黑		发蓝或发黑	将金属零件放在很浓的碱和氧化剂溶液中加热氧化，使金属表面形成一层氧化铁所组成的保护性薄膜	防腐蚀、美观，用于一般连接的标准件和其他电子类零件
硬度		HB（布氏硬度）	材料抵抗硬的物体压入其表面的能力称"硬度"，根据测定的方法不同，可分布氏硬度、洛氏硬度和维氏硬度 硬度的测定是检验材料经热处理后的机械性能指标	用于退火、正火、调质的零件及铸件的硬度检验
		HRC（洛氏硬度）		用于经淬火、回火及表面渗碳、渗氮等处理的零件硬度检验
		HV（维氏硬度）		用于薄层硬化零件的硬度检验

参 考 文 献

［1］全国技术产品文件标准化技术委员会，中国标准出版社第三编辑室. 技术产品文件标准汇编 机械制图卷［M］. 第2版. 北京：中国标准出版社，2009.

［2］成大先. 机械设计手册［M］. 第5版. 北京：化学工业出版社，2008.

［3］黄正轴，张贵社. 机械制图（多学时）［M］. 北京：人民邮电出版社，2010.

［4］胡建生. 机械制图（少学时）［M］. 北京：人民邮电出版社，2010.

［5］胡建生. 工程制图［M］. 第3版. 北京：化学工业出版社，2006.

［6］钱可强. 机械制图［M］. 第2版. 北京：高等教育出版社，2007.

［7］钱可强. 机械制图［M］. 第5版. 北京：中国劳动社会保障出版社，2007.

［8］金大鹰. 机械制图［M］. 第6版. 北京：机械工业出版社，2007.